내 몸 안의 주치의

면역학

SUKINI NARU MENEKI GAKU
ⓒ TOMIO TADA
KIYOFUMI HAGIWARA 2001
어려운 면역학을 쉬운 만화로 풀어낸 독특한 역작All rights reserved.
Original Japanese edition published by KODANSHA LTD.
Korean translation rights arranged with KODANSHA LTD.,
through Imprima Korea Agency.

이 책의 한국어판 저작권은 Imprima Korea Agency를 통해 Kodansha Ltd.와의 독점계약으로 전나무숲에 있습니다.
저작권법에 의해 한국 내에서 보호를 받는 저작물이므로 무단전재와 무단복제를 금합니다.

인체의 균형을 잡아주고
스스로 생명을 지키는 면역 탐험!!

내 몸 안의
주치의
면역학

다다 도미오 · 조성훈 감수 | 하기와라 기요후미 지음 | 황소연 옮김

전나무숲

))))

감사의 마음을 담아서

옆의 그림을 보면 'S/49, 8/14'라는 조그마한 숫자가 보일 겁니다. 바로 저희 부모님께서 써주신 날짜입니다. 'S/49'는 쇼와[昭和] 49년으로, 제 동생이 이 세상에 태어난 지 얼마 되지 않았던 1974년을 의미합니다. 아무것도 모르던 철없던 시절, 생명의 위대함을 표현하고자 한 저의 처녀작이지요.

지금도 '생명의 위대함이나 신비로움을 제대로 표현할 수 없을까?'하는 고민에 휩싸일 때가 많답니다.

이 책은 그런 저의 작은 소망에서 탄생했습니다. 하지만 '세상사, 마음만으로는 되지 않는 법'.

감수를 맡아주신 다다 도미오(多田富雄) 선생님을 비롯해, 고단샤 출판사의 구니토모 나오미(國友奈緒美) 씨, 다다 선생님 사무실의 야마구치 요코(山口葉子) 씨, 도쿄대학교 이과대학의 구보 마사토(久保允人) 선생님, 그리고 일일이 다 이 자리에 쓸 수 없을 만큼 많은 분들의 격려가 있었기에 이 책이 탄생할 수 있었습니다.

감사의 마음을 담아서 그 모든 분들께 고개 숙여 인사드립니다.

정말로 감사합니다.

_ 하기와라 기요후미

))))

어려운 면역학을 쉬운 만화로 풀어낸 독특한 역작

도쿄대학교 시절, 나는 이 책의 저자인 하기와라와 선생과 제자 사이로 강의시간에 자주 만났다. 참 성실한 학생이었다는 기억이 지금도 생생히 남아 있다. 수업시간에 끊임없이 뭔가를 적으면서 질문을 얼마나 열심히 하던지…….

하기와라의 학문에 대한 열정과 함께 내 시선을 사로잡았던 것은 바로 그의 노트였다. 노트에는 면역의 구조가 재미있는 만화로 그려져 있었는데, 복잡한 구조를 그렇게 자신만의 색깔을 입혀 이해하려는 모습이 독특해 보였다. 개중에는 치열하게 고민한 흔적이 역력한 그림도 있었다. 나는 그때 '아, 요즘 젊은이들은 이렇게 공부하는구나!' 하고 무릎을 쳤다.

하기와라도 이젠 어엿한 전문의가 되어 알레르기와 교원병으로 고생하는 환자들을 돌보고 있다. 이른바 면역학 응용의 최전방이다. 타고난 탐구심을 살려 지금까지 배운 면역학과 질병의 관계를 연구하고 있는 것이다.

이 책은 하기와라만의 독특한 목소리로 면역의 퍼즐을 하나하나 끼워 맞추고 있다. 어려운 부분은 만화가로서의 재능이 십분 발휘되어 있는 등 탄탄한 기초를 토대로 한 재미있는 면역학 입문서로서 손색이 없다. 면역학을 공부하면서 머리 싸매고 고민했던 부분들을 후배들에게 이야기하듯 풀어내고 싶었던 모양이다.

이 책에서 또 하나 주목할 점은, 단순한 해설서를 넘어 궁극적으로 현대 면역학의 철학서로서의 면모를 보여준다는 사실이다. 면역학은 생물학으로서뿐만 아니라 사상적으로도 의학계에 커다란 영향을 끼쳤는데, 이 책에는 '자기(自己)와 비자기(非自己)'나 '면역관용' 등의 어려운 의학 개념이 친숙한 이야기로 자세히 설명되어 있다.

만화로 엮어낸 하기와라의 면역 이야기는 익살스럽고 이해하기 쉬워 머릿속에 쏙쏙 들어온다. 톡톡 튀는 언어를 대하자면 젊은 의사의 재치를 느낄 수 있다고나 할까?

『내 몸 안의 주치의, 면역학』은 일반인에게는 면역학의 중요성을 일깨워주고, 면역학을 공부하려는 사람에게는 면역의 세계로 편안히 다가가도록 이끌어주는 안내서가 될 것이다. 이 책을 통해 누구나 흥미진진한 면역의 세계를 만날 수 있으리라 확신한다.

_ 다다 도미오

))))

내 몸 안의 주치의, 면역

면역이란 우리 몸 스스로가 갖는 자연 치유능력을 말합니다. 하지만 이는 단순한 '방어'의 개념을 넘어섭니다. 오히려 면역세포는 우리 몸에 침투하는 바이러스나 세균을 능동적으로 공격하며 나아가 암세포까지 파괴시키는 놀라운 능력이 있습니다. 이러한 능력은 생명이 태어나는 순간부터 부여받습니다.

어머니의 자궁 속에서 생활하는 수개월 동안 태아는 자신의 몸을 자연적으로 인식하고 외부로부터 자신을 보호하는 면역기능을 가지게 됩니다. 하지만 이렇게 말하면 대부분의 사람들은 '그러면 몸에 면역세포가 많으면 많을수록 좋은 것 아니냐'고 말하기도 합니다. 그러나 우리 몸은 과잉을 싫어합니다. 과잉 현상으로 올 수 있는 대표적인 질환으로는 아토피성 피부염과 알레르기 체질이 있습니다. 이런 질환들은 바로 면역과잉 증상, 림프구 과잉으로 인해 유발된다고 할 수 있습니다. 면역과잉 증상이란 꽃과 같은 화분 알레르기 질환이나 우리나라에 많은 집먼지 등에 의한 증상과 정신적인 스트레스에 의해 항원항체가 과민하게 반응하는 것을 말합니다.

면역은 밸런스, 즉 인체의 조화로운 균형에 의해서 더욱 강력해집니다. 흔히 면역계는 신경계와 내분비계를 연결하는 삼각형 구도를 갖는다고 합니다. 우리 몸이 가장 건강할 때는 이런 면역계, 신경계 및 내분비계가 한쪽으로 치우치지 않고 밸런스를 유지하는 경우입니다.

　어떻게 보면 쉬워보이지만, 깊게 공부하면 할수록 점점 어려워지는 것이 면역학이라고 할 수 있습니다. 이번에 소개할 이 『내 몸 안의 주치의 면역학』은 면역학 중에서도 반드시 알아야 할 내용을 쉽고 재미있게 풀어쓴 책이자, 건강한 생활을 위한 지혜라고 할 수 있습니다.

　이제 면역학은 점차 일상 속에서 그 위력을 발휘하고 있습니다. 감기 환자분들이 치료를 위해 클리닉을 방문했을 때 "요새 면역이 떨어졌나봐요"라는 말을 가끔합니다. 또는 "면역력이 떨어져 몸보신 좀 해야겠다"는 말을 하기도 합니다. 바로 이렇게 면역학은 우리 가까이에 있습니다. 하지만 대부분의 사람들이 면역력에 대해 피상적으로만 알 뿐, 그 의학적인 구조를 체계적으로 알지 못하고 있는 것 또한 사실입니다.

　본인이 K대학교 대체의학 대학원에서 면역학 강의를 시작할 때, 마땅한 강의록을 만들기가 무척 힘들었고 학생들에게도 쉽게 이해시키기 벅찬 시간이었습니다. 하지만 이제는 이 『내 몸 안의 주치의, 면역학』이라는 이 도서를 통해 학생들과 재미있는 면역학 수업을 할 수 있을 것이란 확신이 듭니다. 이렇게 쉽고 재미있는 '면역학 교과서'를 갖게 해준 하기와라 기요후미 선생님과 다다 도미오 선생님, 출판사 여러분께 감사를 드립니다.

_ 조성훈

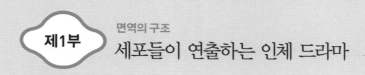

제1부 면역의 구조
세포들이 연출하는 인체 드라마

제1막 | 자기와 비자기 | 약을 안 먹어도 감기가 낫는다구?

면역학이란
무엇인가?

면역학의 탄생

"홍역은 한 번 걸리면 그것으로 끝인데, 독감은 왜 걸리고 또 걸릴까?"

"그런데도 독감은 예방주사만 맞으면 피할 수 있는 이유가 뭘까?"

"감기, 홍역 같은 병은 어떻게 치료가 될까?"

'면역학' 하면 '아이고, 머리 아파' 하며 다들 고개를 절레절레 흔들지만 위에서 제시한 궁금증을 풀기 위해 탄생한 학문이 바로 면역학이다.

한자로 免疫(면역)의 뜻을 풀어보면 '疫(전염병)의 고통을 免(피하다)할 수 있다'가 된다. 병의 고통에서 벗어날 수 있는 방법을 찾아내 활용하고자 한 것이 면역학의 시초인 셈이다.

기원전부터 사람들은 한 번 앓고 난 전염병은 다시 걸리지 않고, 걸려도 가볍게 넘어간다는 사실을 이미 알고 있었다. 14세기, 유럽 사람들 3분의 1의 목숨을 앗아간 무시무시한 페스트가 난리를 치던 때에도, 사람들은 환자를 돌보거나 사체 수습에 나선 수사나 수녀들 가운데 몇몇은 페스트를 가볍게 앓은 후 두 번 다시 그 병에 걸리지 않았음을 알았다. 그리고 그들을 '신의 은총을 받은 복된 이들'이라며 우러러봤다.

영어로는 면역을 immunity라고 한다. 경제학 용어인 im-munitas(면세, 면역)가 어원으로 기피하는 일, 싫은 일, 특히 '전염병에서 벗어나고파!'라는 의미를 갖고 있다.

그렇지만 전염병이 눈에 보이지 않는 미생물 때문에 발병한다는 사실을 알게 된 것은 아주아주 훗날의 일이다.

병은 '마음'이 아니라 '액'에서 온다?

기원전부터 17세기에 이르기까지 서양에서는 인체가 혈액, 황(黃)담즙, 흑(黑)담즙, 점액 등 4가지 액체로 구성되었고, 이들 간의 균형이 깨지면 병이 난다고 믿어왔다. 이를 '체액병리학설'이라고 한다.

그래서 사람이 병에 걸리면 체액의 균형을 맞춘다며 혈액을 뽑는 치료가 성행했는데, 이런 치료법을 '사혈(enesection)요법'이라고 한다.

지금 같으면 '에이, 피 뽑으면 병이 낫는다고? 말도 안 돼' 하며 피식 웃어넘기겠지만, 결핵으로 피를 토하는 환자들에게 사혈요법은 19세기까지 가장 중요한 치료법이었다. 그리고 그 치료는 놀랍게도 1940년까지 성행했다.

'병원(病原)미생물'이라는 기발한 발상

꽤 오랫동안 사혈요법이 성행하는 가운데, 17세기부터 한쪽에서는 좀 다른 생각이 모락모락 싹을 틔웠다. 그것은 '혹시 눈에 보이지 않는 쬐그마한 생물, 즉 미생물이 질병을 일으키는 나쁜 녀석은 아닐까?'라는 생각이었다.

우연의 일치일까? 때마침 현미경이 발명됐다. 그리고 긴긴 세월 동안 인류를 괴롭혀온 병원미생물의 존재를 해명할 수 있을 만큼 하루가 다르게 현미경의 성능이 좋아졌다.

하지만 유감스럽게도 '와, 바로 이거야!' 하는 병원미생물을 발견할 때까지는 200년이란 시간이 흘러야 했다.

19세기, 결핵과 콜레라가 세상을 덮쳤다. 그것은 14세기 서양을 지옥으로 몰아넣었던 페스트와 같은 악몽이었다. 이런 시대적 배경을 바탕으로 19세기 말, 로버트 코흐(Robert Koch, 1843~1910, 독일의 세균학자로 근대 세균학에 획기적인 업적을 남김)가 등장해 결핵균과 콜레라균을 발견했다(1882~1883). 그리고 이 발견이 도화선이 되어 병원미생물이 하나하나 규명되기 시작했다.

구체적으로 기타사토 시바사부로(北里柴三郎, 1852~1931, 일본 세균학자)가 파상풍균(1889년)과 페스트균을 발견했고(1894년), 시가 기요시(志賀潔, 1870~1957, 일본 세균학자)가 적리균(赤痢菌)을 발견했다.

병원미생물일지 모른다는 기발한 발상이 사실로 규명되기까지 얼마나 긴긴 세월을 보내야만 했던가.

'두 번 없는 현상' 의 재발견

코흐의 발견을 신호탄으로 많은 학자들이 병원미생물을 발견해 나가던 19세기 말, 루이 파스퇴르(Louis Pasteur, 1822~1895, 프랑스 화학자·미생물학자)가 등장한다.

페스트 위령탑(빈 그라벵 거리)

전염병에 한 번 걸렸던 사람은 그 병에 다시 걸려도 무사히 넘어간다는 사실에 처음 주목한 사람은 기원전의 역사가 투키디데스(Thucydides, BC 5세기 후반, 고대 그리스)라고 전해진다.

그의 예리한 관찰력을 이어받아 '두 번 없는 현상' 을 재발견한 파스퇴르는 우선 닭에게 콜레라를 일으키는 병원미생물을 무독처리해 주사해보았다. 그러자 닭은 콜레라에 희생되지 않았다. 또 미친 개한테 물린 사람에게 무독처리한 광견병 바이러스를 주사했더니 광견병을 예방할 수 있었다(1885년).

루이 파스퇴르

파스퇴르는 어떤 인물에게 경의를 표하기 위해 이 획기적인 예방법에 '백신요법' 이라는 이름을 붙였는데 그렇다면 자, 여기서 문제! 위에서 말한 '어떤 인물' 이 누구일까?

백신의 탄생

이야기는 다시 17세기로 돌아가서……

14세기 서양을 흔들어놓았던 페스트같이, 17~18세기에는 신종 페스트가 맹위를 떨쳤는데 그건 바로 천연두이다.

지금이야 페스트나 천연두의 위력을 느끼는 사람은 거의 없을 것이다. 하지만 페스트는 1348년 유럽 사람들 3분의 1의 목숨을 앗아갔고, 천연두는 1632년 피사로가 잉카제국을 멸망시키려는 도구로 사용한 무시무시한 전염병이다. 이 사실만 봐도 페스트와 천연두가 얼마나 많은 사람들의 생명을 강탈해간 살인마인지 실감이 나지 않는가?

그러나 14세기에 페스트에 걸려도 그저 가볍게 스쳐 지나간 복된 사람들이 있었듯이, 18세기에도 천연두의 폭풍우를 용케도 비켜간 위대한 사람들이 있었다. 바로 '우두'에 걸린 소젖 짜는 여성들이었다.

'천연두와 우두는 서로 닮은 점이 있어. 그런데 우두에 걸린 소와 많은 시간을 보내는 여성들은 우두와 비슷한 증세를 살짝 보이고 넘어가고……. 이건 뭔가 있어. 그러니까 인간 천연두에 걸리지 않는 거야, 틀림없어.'

이렇게 생각한 예리한 남자가 있었다. 그는 번득 스치는 생각을 벌떡 실천에 옮겼다. 우두에 걸린 여성의 팔에서 고름을 채취하여 한 어린아이에게 주입한다는, 실로 대담무쌍한 계획을 감행한 것이다. 주사를 맞은 아이가 만에 하나 잘못되는 날엔 역사에 길이길이 이름을 남기기는커녕 당장 감옥에 처넣어질 판이었다. 하지만 아이도, 남자도 모두 무사할 수 있었다. 아이는 별다른 이상이 없었고 천연두의 위협에서도 벗어날 수 있었다.

대담무쌍한 남자는 바로 여러분이 잘 아는 에드워드 제너(Edward Jenner, 1749~1823), 그리고 '그 아이'는 제너의 아들이라는 소문도 있고, 고아라는 소문도 있다.

어쨌든 아이가 무사한데다 천연두 예방법까지 개발했으니, 행운의 여신이 제너와 함께 한 것이다. 이것이 바로 여러분도 잘 아는 제너의 종두법이다(1798년).

하지만 이때까지만 해도 천연두의 병원미생물은 규명되지 않았다. 그러나 이미 '두 번 없는 현상'을 이용한 전염병 예방법이 조금씩 그 베일을 벗고 있었다.

시간이 흘러흘러 19세기 말, 드디어 아주 미량의 병원미생물을 주사제로 만들어 전염병을 예방하는 방법이 파스퇴르에 의해 개발되었다.

파스퇴르는 제너에게 경의를 표해 이 예방법에 목우(Vacca)에서 유래한 '백신(Vaccine)요법'이라는 이름을 붙였다.

자, 이제 알겠는가? 백신이라는 단어의 유래는 제너의 눈을 사로잡은 '소'였다는 사실을.

처음에 그럴듯한 추측이 있었다

17세기에 접어들자 '혹시 전염병은 눈에 보이지 않는 쬐그마한 녀석들 때문에 생기는 것이 아닐까?'라는 기막힌 추측이 생겼고, 드디어 19세기 말 병원미생물이라는 실체가 규명되었다는 이야기를 했다.

제너의 종두법

그리고 천연두 원인 미생물의 실체가 아직 밝혀지지 않았던 18세기 말에는 '인간 천연두와 흡사한, 증상이 가벼운 우두에 일부러 노출시킴으로써 천연두를 예방할 수 있을 것이다'라는 생각에 착안하여 무독처리한 병원미생물을 이용한 치료법, 즉 백신요법이 개발되었다.

에드워드 제너

어떻게, 여기까지 정리가 되는가? 그러면 한 걸음 더 나아가보자. 요즘 한창 신문지상에 오르락내리락하는 유전자 이야기!

유전자도 19세기 중반 '유전하는 인자(element)라는 뭔가가 존재할 거야. 분명히, 확실히, 틀림없이'라는 추측에서 시작하여 마침내 20세기 중반에 DNA의 실체가 규명되었다.

그러고 보면 현미경도 먼저 반짝이는 아이디어가 있었다. 단순히 하늘에서 뚝 떨어진 것이 아니라는 말이다.

16세기 말 언제 태어나 언제 저 세상으로 갔는지 잘은 모르지만, 네덜란드에 안경사 부자(父子)가 있었다. 그 아버지와 아들은 두 개의 렌즈를 서로 끼워 맞춘다는 생각을 하게 되었고, 결과적으로 그 생각이 현미경뿐만 아니라 망원경 발명의 실마리를 제공했던 것이다.

또 면역반응에 엄청난 역할을 수행하는 '헬퍼T세포(helper T Cell, 바로 이 책의 주인공 중 하나다)'도 다른 세포를 도와주는(헬프하는) 세포가 있을 거라는 단순한 추측에서 출발해, 1969년 드디어 피터 블레처와 멜 콘이 찾아냈다.

이처럼 누구도 생각하지 못했던 '기발한 추측'이라는 생각의 씨앗이 훗날 어엿한 '실체'로 성장함으로써 과학은 발전에 발전을 거듭했다.

21세기를 강타한 신종 페스트

18세기 말 제너의 등장, 뒤를 이어 19세기 말 파스퇴르의 등장으로 21세기의 우리는 천연두를 모른다. 제너가 천연두 예방법을 발견한 뒤, 이 방법을 파스퇴르가 백신요법이라는 세련된 형태로 발전시켜 천연두를 뿌리뽑았기 때문이다. 드디어 1980년 5월 8일 WHO(세계보건기구)는 전 세계적으로 천연두 근절을 공식 선언했고, 지구촌 모든 이들은 '백신이라는 무기를 손에 넣은 인류의 승리'라며 축배를 들었다.

하지만…… 인류는 정말로 승리를 거두었을까?

역사를 돌이켜보면, 어느 시대나 인류는 질병과 사투를 벌여왔다는 사실을 알 수 있다. 14세기에는 페스트, 17~18세기에 걸쳐 천연두, 19세기에는 콜레라와 결핵이 맹위를 떨쳤다. 그리고 20세기 말, 에이즈라는 신종 페스트가 우리를 집어삼키려 무섭게 으르렁거리고 있다.

우리는 아직 에이즈의 병원미생물, 즉 에이즈 바이러스에 대항할 백신을 만들어내지 못하고 있다. 에이즈라는 몹쓸 녀석은 꼬리가 아흔아홉 개 달린 구미호처럼 표면의 분자형태를 수시로 바꿔, 이를 공격하려는 우리의 면역 담당세포들이 도저히 그 실체를 파악하지 못하기 때문이다. 면역 담당세포들이 어물쩡거리는 동안 면역 시스템은 에이즈 바이러스의 희생양이 되고 만다.

면역 시스템을 뿌리째 뒤흔드는 새로운 병원미생물의 출현!

에이즈의 존재가 처음으로 세상에 보고된 것은 천연두 근절 선언이 있은 이듬해인 1981년으로, 이 같은 사실이 단순히 우연일까?

앞으로 언제가 될지는 모르지만, 인류는 분명 에이즈를 완벽하게 뿌리 뽑을 수 있는 치료법을 개발할 것이다. 하지만 에이즈와의 싸움에서 '인류의 승리'를 자축하며 축배를 들 즈음, 또 다른 신종 페스트가 우리를 괴롭히지 않으리라고 그 누가 확신할 수 있겠는가?

만약 신종 페스트가 찾아온다면 그때 우리는 또 어떻게 해야 할까? 신이 아닌 이상 그 질문에 완벽한 답을 하기는 힘들겠지만, 고등학교 시절 선생님의 말씀을 잠시 소개하겠다.

> "앞으로 자연이 우리 인간에게 또 어떤 질병을 선사할지는 아무도 모른다. 하지만 그 질병이 우리를 찾아왔을 때 제 발로 떠나주길 마냥 기다리는 것이 아니라, 과거에 앓았던 질병과 의학의 역사에서 극복할 실마리를 찾아내야만 할 것이다. 분명 그 속에 답이 있다. 지금부터 그 해답을 다같이 찾아보자. 다만 그 질병이 치유가 불가능한 마음의 병은 아니길 간절히 기도드릴 따름이다."
>
> — 후쿠다 마사토(福田眞人), 1987년

면역의 두 얼굴

전염병에서 우리의 몸을 지켜내고자 하는 강렬한 동기에서 탄생한 면역학, 그렇지만 시간이 지남에 따라 면역의 구조가 그리 단순하지 않음을 알게 되었다.

'나를 공격하지 않고, 내가 아닌 것만을 꼬집어 공격'하는 줄로만 알았던 면역 시스템이 '나를 공격할 때도 있고(자기면역), 반대로 내가 아닌 것을 공격하지 않을 때도 있다(비자기 관용)'는 사실을 오랜 연구를 통해 밝혀낸 것이다. 면역 담당세포들이 비자기에 대한 관용 시스템을 갖추고 있기에 태아는 어머니 뱃속에서 열 달이나 살 수 있다.

이런 비자기 관용 시스템을 교묘히 이용해 몸에 자리잡고 사는 나쁜 녀석도 있는데, 바로 암세포이다. 암세포는 원래 정상이었던 세포가 변화한 '내가 아닌 것'이지만, 태아가 어머니의 면역공격에서 면죄부를 받듯 면역의 구조망을 교묘히 피해나간다.

'나'는 누구일까?

면역이란 '나는 공격하지 않고 내가 아닌 것만 골라 공격'하리라 철썩같이 믿었는데 감히 나를 공격할 때도, 내가 아닌 것에 한없이 관대할 때도 있다니…….

21

그렇다면 도대체 '나'는 누구인가? 그것은 다양한 세포들이 서로 얽히고설키며 연출해내는 한 편의 웅장한 오페라 그 자체라고 할 수 있다.

나에게 해를 끼칠 것 같은 위험세포들을 죽이거나 힘을 못 쓰게 하면서, 요리조리 피해다니며 하루하루 새롭게 변신하는 것이 바로 '나'이다. 어떤 물질이 아닌 변화하는 것 그 자체로서의 나, 그 '나'는 때론 교묘한 스릴러, 때론 배꼽 잡는 코믹 드라마를 연출한다.

시인이자 과학자였던 미야자와 켄지(宮澤賢治, 1896~1933)는 '나'를 고정된 '물체'가 아니라 변화무쌍한 '현상'으로 노래했다(나라는 현상, 『봄과 수라』 제1집, 1924년). 그런 의미에서 현대 면역학은 '현상으로서의 나'를 한 꺼풀씩 벗겨나가는 작업인지도 모른다.

그런 면역학을 언어로 표현하기에는 나의 표현력이 미천하여 만화 등 모든 방법을 동원해 이야기보따리를 풀어나가려 한다. 우리 몸에서 매일매일 펼쳐지는 면역이라는 한 편의 오페라!

독자 여러분은 안방에서 편안히 두 다리 쫙 뻗고 관람해주기를 바란다. 그러면 면역의 구조와 생명의 신비함, 경이로움에 가슴 벅찬 감동을 맛볼 수 있을 것이다.

자, 그럼 준비되었는가? 이제 시작하겠다.

면역학의 역사))))

기원전	● 투키디데스, '두 번 없는 현상' 기록('두 번 없는 현상'이라는 단어는 파스퇴르가 처음 사용)
14세기	● 페스트(흑사병)의 맹활약! ● 가벼운 페스트가 스쳐간 후 두 번 다시 그 병에 걸리지 않는 사람들을 '신의 축복을 입은 복된 이'라며 칭송
16세기 말	● 네덜란드 안경사가 2개의 렌즈를 조합(현미경과 망원경의 발명으로 이어짐)
17세기	● '체액병리학설'에 대해 '병원미생물'이라는 개념 탄생 ● 현미경과 망원경의 발명 ● 현미경으로 '병원미생물'을 포착하려는 움직임이 일기 시작
17~18세기	● 천연두의 맹활약!
18세기 말	● 제너, 우두에 걸린 여성의 고름으로 천연두 예방(1798년)
19세기	● 콜레라와 결핵이 맹활약!
19세기 말	● 코흐, 결핵균과 콜레라균 발견(1882~1883) ● 파스퇴르, '두 번 없는 현상'을 재발견해 백신요법 개발(1885년)
20세기 말	● WHO에서 전 세계 천연두 근절 선언(1980년) ● 에이즈 증상에 관한 첫 보고(1981년)

세포들이 연출하는 인체 드라마

우리 몸은 공기 속을 휙휙 날아다니는 수백 가지 미생물에 항상 노출되어 있다. 하지만 이들 미생물 때문에 병에 걸리는 경우는 극히 드물다. 미생물이 체내에 들어오더라도 몇 시간 안에 이를 초토화시키는 시스템이 우리 몸에 갖춰져 있기 때문이다.

미생물 초토화 작전의 구체적인 예로는 재채기나 가래 등을 들 수 있다. 콧물이나 눈물 속의 물질도 미생물을 파괴한다. 게다가 우리 몸에 있는 '매크로파지(macrophage)'라는 대식세포 역시 미생물을 닥치는 대로 잡아먹는다.

무시무시하지 않은가? 이런 무차별적 공격은 우리가 천성적으로 갖고 태어난 저항력이다. 좀더 근사하게 말하면 '선천성 면역반응'이다. '무차별적'이라는 말도 전문용어로는 특이하지 않다는 의미에서 '비(非)특이적'이라고 하는

데, 선천성 면역반응은 비특이적이고 신속한(수시간 정도) 방어 메커니즘이다.

강력한 방어 메커니즘에도 불구하고 선천성 면역반응의 장벽을 뚫고 침입한 악질 미생물이 있으면 면역세포들의 집중공격이 가해진다. 특정 미생물을 공격하는 반응은 며칠에 걸쳐 되풀이되는 장렬한 전투 드라마이다.

한편 같은 미생물이 다시 침입했을 때는 좀더 신속하게 강력 미사일을 발사할 수 있다는 것도 특징이다. 적을 그만큼 꿰뚫어 알게 된 결과라고나 할까. 이렇게 특정 미생물에 대해 신속하면서도 강력한 반응을 퍼부을 수 있는 방어메커니즘을 '획득 면역반응'이라고 한다.

제1부에서는 '획득 면역반응'에 얽힌 장렬한 드라마를 감상해보자.

자, 그럼 해설은 이만 접고 바로 제1막 시작~

● 선천성 면역반응의 구조

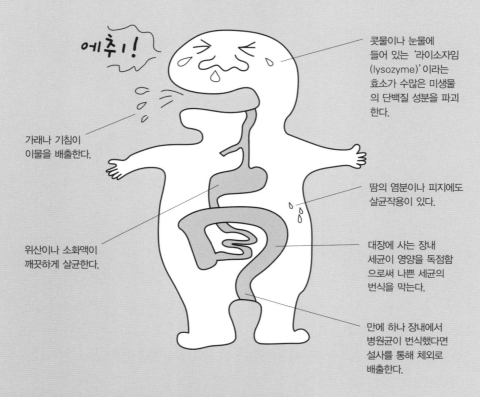

에취!

콧물이나 눈물에 들어 있는 '라이소자임 (lysozyme)'이라는 효소가 수많은 미생물의 단백질 성분을 파괴한다.

가래나 기침이 이물을 배출한다.

땀의 염분이나 피지에도 살균작용이 있다.

위산이나 소화액이 깨끗하게 살균한다.

대장에 사는 장내 세균이 영양을 독점함으로써 나쁜 세균의 번식을 막는다.

만에 하나 장내에서 병원균이 번식했다면 설사를 통해 체외로 배출한다.

- 매크로파지가 몸에 침입한 다양한 미생물을 닥치는 대로 잡아먹는다.
- 인터페론 단백질은 바이러스 증가를 저지한다(인터페론은 '방해하다'는 영어 interfere에서 유래).

● 선천성 면역반응과 획득 면역반응

	선천성 면역반응	획득 면역반응
공격 성향	무차별 공격(비특이적)	집중공격(특이적)
반응의 속도	수시간	수일(일단 기억된 병원균에 대해서는 빠르다)
특정 미생물을 기억	하지 못한다	한다

약을 안 먹어도 감기가 낫는다구?))))

잊었다 싶으면 찾아오는 불청객, 감기!

하지만 면역력이 '뚝' 떨어져 있지 않은 한, 보통 일주일 정도 충분한 휴식을 취하면 말끔히 낫는다. 어떻게 감기약을 먹지 않아도 감기가 나을까? 그 구조를 이해하기 위해서는 우선 우리 몸이 어떻게 이루어져 있는지 알아야 한다.

우리 몸은 60조 개의 세포로 구성되어 있는데(진짜 60조 개가 맞는지 하나하나 세어봤냐구?) 피부세포나 근육세포, 뇌세포 등 모양도 활동도 다른 다양한 세포가 서로 협력하거나 상하관계를 맺으면서 생명활동을 꾸려나간다. 이런 면에서 몸은 세포와 세포가 만들어내는 '사회'라고 표현할 수도 있다. 그러나 인간세포와 동물세포를 모으거나, 혹은 타인의 세포를 모으면 '세포 동아리'는 성립되지 않는다. 왜냐하면 인간과 같은 다세포 생물은 나의 세포만 나라고 인식하고, 그 외 내가 아닌 세포는 온몸으로 거부하기 때문이다.

'나(자기)'와 '내가 아닌 것(비자기)'을 구별하는 구조가 면역의 기본이다. 만약 이런 구조가 없다면, 강아지도 고양이도 여러분도 나도 모두 구별되지 않는 무의미한 세포 덩어리가 되고 말 것이다.

나와 내가 아닌 것을 구별한다는 점에서 감기 바이러스도 싸워 무찌르고자 하는 면역의 구조.

자, 그럼 신비한 면역 드라마를 시작하자!

클래스 I MHC, 세포의 주민등록증

scene **1.1**

하나에서 60조 개로!

우리 몸은 대략 60조 개의 세포로 이루어져 있다. 정말 엄청나지 않은가? 하지만 이 무수히 많은 세포도 처음에는 단 하나의 수정란에서 시작되었다. 수정란이 분열해서 2배, 4배, 8배로 계속 늘어나기를 되풀이한 결과이다(증식).

각각의 세포는 분열하면서 성질을 조금씩 변화시킨다(분화). 그래서 피부세포, 근육세포, 간장세포 등 다양한 모양과 기능을 담당하는 세포들이 만들어진다.

세포에는 '나'라는 꼬리표가 있다!

하나의 수정란에서 탄생한 60조 개의 세포들. 모양이나 기능은 서로 달라도 나의 몸의 세포는 모두 나의 세포다.

어떻게 '나'인지 알 수 있냐구? 모든 세포에는 자신만의 클래스 I MHC 라는 단백질 표시가 있다. 사람마다 지문이 다르듯 클래스 I MHC의 모양도 사람마다 다르다. 그래서 클래스 I MHC의 모양이 같으면 '아, 내 친구구나' 하며 반갑게 인사를 나눈다. 그렇지만 클래스 I MHC 모양이 다른 세포를 만나면 '어, 쟨 누구야? 내 친구가 아니잖아!' 하며 킬러T세포(killer T cell, 세포 상해성 T세포)라는 전문킬러를 보내 감쪽같이 손봐준다.

타인의 장기를 이식했을 때 거부반응이 일어나는 것도 이식된 세포가 클래스 I MHC 분자의 모양이 다르기 때문이다.

MHC : 주요 조직 적합 유전자 복합체
(major histo-compatibility complex)

MHC는 클래스 I, 클래스 II, 클래스 III으로 구분된다. 클래스 I MHC는 타인(비자기)의 장기를 이식했을 때 거부반응을 보이는 주요한 타깃이 된다. 클래스 I MHC는 몸 대부분의 세포 표면에 자리잡고 있지만, 적혈구처럼 MHC 분자가 없는 세포도 있다. 그래서 수혈받을 때 혈액형만 일치하면 원칙적으로 거부반응을 보이지 않는다.

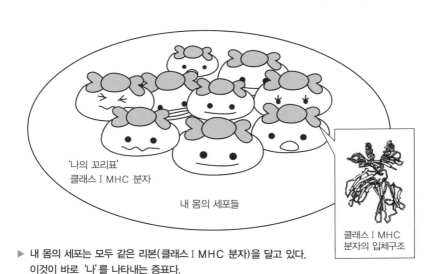

'나의 꼬리표'
클래스 I MHC 분자

내 몸의 세포들

클래스 I MHC
분자의 입체구조

▶ 내 몸의 세포는 모두 같은 리본(클래스 I MHC 분자)을 달고 있다.
이것이 바로 '나' 를 나타내는 증표다.

A군의 리본
(클래스 I MHC 분자)

B양의 리본
(클래스 I MHC 분자)

A군

B양

▶ 세포의 크기나 모양은 천차만별, 하지만 동일인물의 리본은 모양이 모두 같다.
그러나 A군과 B양의 리본 모양은 다르다!

바이러스 세포에 의한 '자기의 비자기화'

scene / **1.2**

나의 세포는 모두 '나'라는 꼬리표를 달고 있다. 그런데 원래 나의 세포라 하더라도 감기 바이러스 등의 외적(비자기 항원)에게 감염되면, 그 세포는 더 이상 나의 세포가 아니다. 감기 바이러스에 감염되면, 클래스 I MHC 분자에 바이러스 조각이 혹처럼 끼어들면서 더 이상 나의 세포임을 증명할 수 없기 때문이다. 이런 현상을 '자기의 비자기화'라고 한다. '네 눈에는 아직도 내가 너로 보이니?' 하며 공포 분위기를 조성한다고나 할까?

이렇게 남이 되어버린 바이러스 감염세포의 최후는 킬러T세포에게 달려 있다. 그렇지만 킬러T세포는 아직 쿨쿨 취침중, 즉각 행동을 개시하지는 않는다. 누군가 살인청부를 의뢰하지 않는 한, 킬러T세포는 쥐죽은듯 조용히 지낸다.

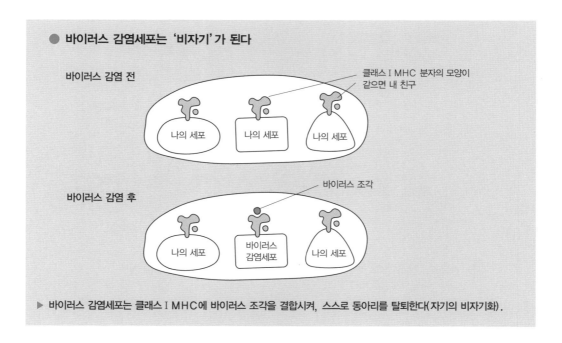

● **바이러스 감염세포는 '비자기'가 된다**

바이러스 감염 전

클래스 I MHC 분자의 모양이
같으면 내 친구

나의 세포   나의 세포   나의 세포

바이러스 감염 후

바이러스 조각

나의 세포   바이러스
감염세포   나의 세포

▶ 바이러스 감염세포는 클래스 I MHC에 바이러스 조각을 결합시켜, 스스로 동아리를 탈퇴한다(자기의 비자기화).

어, 이게 뭐야?

클래스 I MHC 분자

아자!

바이러스

스멀스멀

?

?

'내' 세포들

세포 속의 사건

영차영차~

점점 늘어나는 바이러스

으앙! 정말 싫어, 싫어!

바이러스 감염세포

클래스 I MHC에서 바이러스 조각이 빼꼼 얼굴을 내민다.

아, 더 이상 난 친구가 아냐. 빨랑 죽여줘!

항원조각

항원조각을 결합시킨 클래스 I MHC

쿨쿨~

킬러T

아직 잠에 취해 있는 킬러T세포

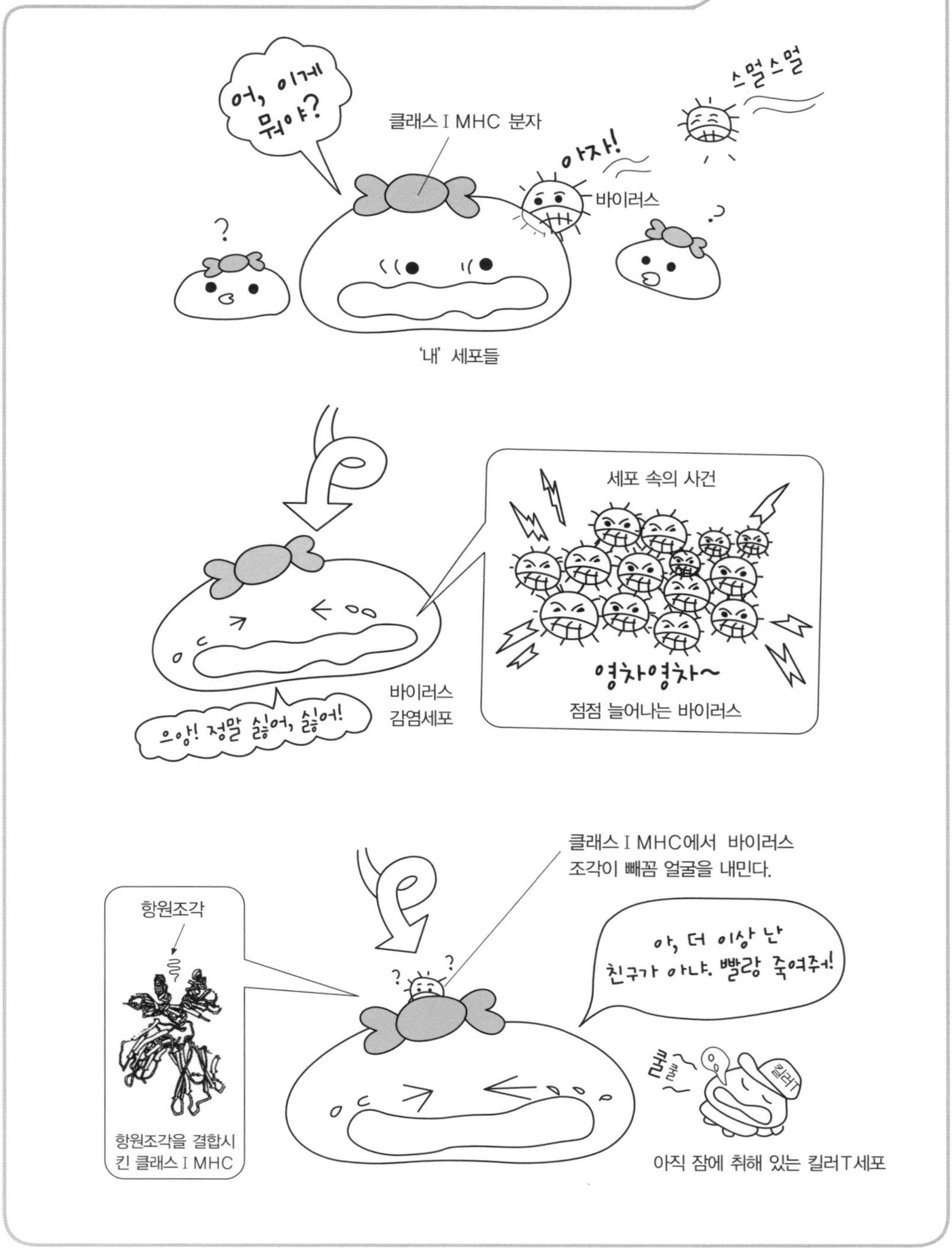

매크로파지와 헬퍼T세포의 활약

scene / **1.3**

지금까지 나와 내가 아닌 것에 관한 이야기를 했다. 그럼 내가 아닌 세포를 죽이는 킬러T세포는 어떻게 자신의 임무수행 시간을 알 수 있을까?

'다들 비키시오! 대식가세포 매크로파지와 구세주세포 헬퍼T세포 납시오!'

전신의 조직에 존재하는 매크로파지는 외부에서 침입한 적을 잡아먹으려고 항상 대기하고 있다. 헬퍼T세포는 순찰차를 타고 혈액을 떠돌며 순찰을 돌거나, 림프절이나 비장이라는 장기에 산다.

매크로파지의 눈부신 활약

그런데 감기 바이러스(비자기 항원)가 몸에 들어오면, 앞서 얘기한 것처럼 세포를 감염시키는 감기 바이러스도 있지만 그 전에 매크로파지에게 먹혀버리는 것도 있다.

매크로파지는 바이러스를 질근질근 씹어서 그 조각(항원조각)을 헬퍼T세포에게 '헬퍼T세포 님, 글쎄 이런 녀석이 들어왔네요' 하며 바친다. 이런 과정을 '항원제시'라고 하는데 그 때문에 매크로파지를 항원제시세포■라고도 한다.

바이러스 조각을 바치는 매크로파지의 양손과 같은 것이 클래스Ⅱ MHC이며, 헬퍼T세포의 손과 같은 분자는 T세포수용체(T세포리셉터)이다.

매크로파지와 헬퍼T세포는 이렇게 마치 열쇠와 열쇠구멍처럼 딱 들어맞는, 특이하게 결합하는 관계다.

항원제시 세포 :
항원제시 세포(antigen-presenting cell ; APC)에 속하는 것으로는 매크로파지뿐만 아니라 수상(樹狀)세포와 뒤에 등장할 B세포 등이 있다.

오 호라! 이게 웬 떡이람?

바이러스

바이러스를 맛있게 냠냠 먹고 있는 매크로파지

꿀꺽

아앙

잘했어!

헬퍼T

바이러스 조각

헬퍼T세포

항원제시

글쎄, 이런 놈이 있었답니다!

항원제시

헬퍼T세포

T세포수용체

항원조각

클래스Ⅱ MHC 분자

매크로파지

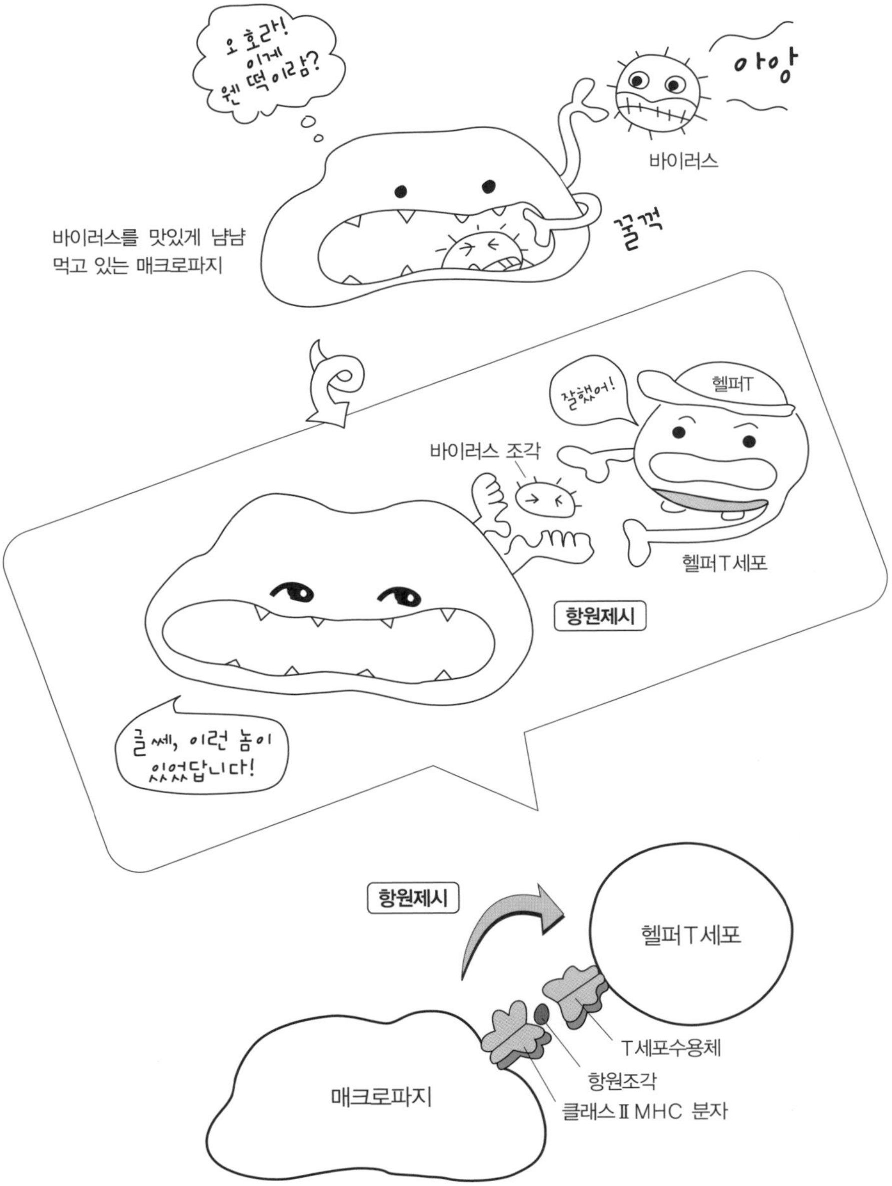

▶ 매크로파지는 바이러스 조각을 헬퍼T세포에게 제시한다.

헬퍼T세포가 킬러T세포를 흔들어 깨우다!

항원조각을 제시받은 헬퍼T세포는 그 조각을 면밀히 조사한 다음 '이 녀석은 우리 동료가 아냐! 앗, 비자기가 나타났다'고 인식하면 항원을 쫓아내기 위한 활동을 개시한다. 즉 헬퍼T세포는 '사이토카인(cytokine)'이라는 화학물질을 방출한다. 사이토카인은 쉽게 말하자면 실제 면역 행동부대가 장렬하게 싸우는 데 활력이 되는 격려금과 같은 것이다. 잠자던 킬러T세포도 이 사이토카인의 자극을 받고 깨어나 바이러스 감염세포를 죽인다. 또한 매크로파지도 격려금을 전달받고 사기 빵빵, 바이러스를 먹어치운다.

그럼 이것으로 작전종료냐 하면 그건 아니다. 킬러T세포는 바이러스에 감염된 세포를 죽이지만, 바이러스의 모진 생명력은 어쩌지를 못한다. 바이러스는 '항체'라는 미사일의 저격을 받을 때만 그 활력(병원성)을 상실한다. 항체는 면역반응의 또 한 명의 주인공, 바로 B세포가 발사한다. B세포도 림프절 등에 사는데 T세포와 마찬가지로 혈액을 따라 흐르며 온몸을 구석구석 순찰한다.

B세포는 이물(항원)을 체포해 입 안에 넣고 질근질근 씹어 소화시킨다. 그리고 매크로파지와 마찬가지로 클래스Ⅱ MHC 분자에 항원조각을 얹어 헬퍼T세포에게 제시한 후, 킬러T세포와 마찬가지로 헬퍼T세포의 명령을 기다린다. 드디어 헬퍼T세포가 자극분자를 방출하면 활성화되어 항원을 정확하게 공격하는 항체 미사일을 쑤웅 발사한다.

이와 같이 바이러스에 감염된 세포는 킬러T세포에게 붙잡혀 최후를 맞고, 바이러스들은 이리저리 도망다니다가 항체의 저격을 받아 매크로파지의 먹이가 된다. 이것이 바로 면역반응의 과정이다.

아직 뭐가 뭔지 모르겠다구? 제2막에서는 면역반응의 구체적인 과정을 더 자세히 설명할 것이다.

그럼 기대하시라, 제2막! 두둥~

1 매크로파지가 항원을 제시한다.

자, 힘이 쭉쭉 뿅뿅 생기는 약이다!

헬퍼T

2 헬퍼T 세포가 면역 담당세포에게 지령을 내린다.

매크로파지

사이토카인

킬러T

쿵쿵

킬러T

3 사이토카인의 자극 을 받고 킬러T 세포 가 눈을 뜬다.

넌 더 이상 내 친구가 아냐!

T세포수용체

으악!

발사!

도망가는 바이러스들

항체

4 바이러스 감염세포는 잠에 서 깨어난 킬러T 세포에게 살해된다.

B

어,저게 뭐야?

게 섰거라! 어딜 도망가려고!

B세포

B

5 B세포가 사기충천해서 항체를 생산한다.

6 매크로파지도 신이 나서 바이러스를 해치운다.

질문 있습니다!

▌ 사이토카인은 무엇인가요?

사이토카인은 세포와 세포 사이의 정보전달물질로 인터루킨(interleukin) 1,
2, 3……이나 TNF-α, 인터페론 감마(interferon-γ) 등 다양한 물질이 있다.

▌▌ 사이토카인과 인터루킨은 어떻게 다른가요?

인터루킨은 사이토카인의 한 종류로, 사이토카인 집합 안에 인터루킨 집합이
모두 포함된다. 즉 사이토카인이 인터루킨보다 상위개념이다.

인터루킨도 인터루킨 1, 2, 3…… 식으로 종류가 많다.

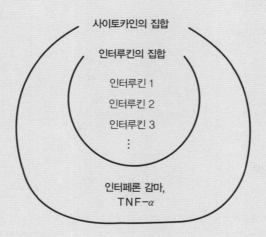

‖‖ 사이토카인은 어떤 일을 하나요?

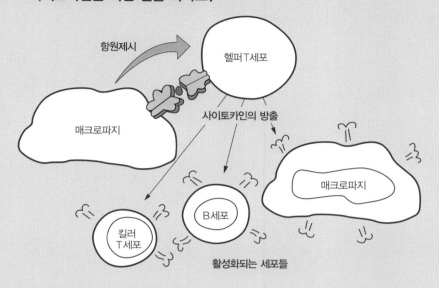

그림처럼 헬퍼T세포가 다양한 사이토카인을 방출해 킬러T세포와 B세포, 매크로파지 등을 활성화시킨다.

- 킬러T 세포를 활성화시키는 사이토카인 : 인터루킨 2 등
- B세포를 활성화시키는 사이토카인 : 인터루킨 4, 5, 6, 10, 13 등
- 매크로파지를 활성화시키는 사이토카인 : 인터페론 감마 등

‖‖‖ 사이토카인과 인터루킨의 어원은 무엇인가요?

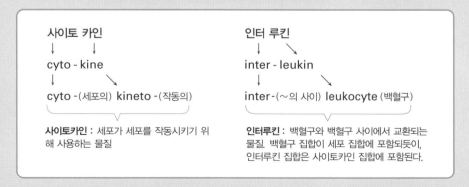

하이라이트))))

● ● 클래스 I MHC는 나라는 것을 증명해주는 꼬리표

_ 클래스 I MHC는 세포가 나의 세포임을 증명해주는 꼬리표. 대개 세포 표면에 있으며, 그 모양은 사람마다 다르다.

_ 모양이 다른 클래스 I MHC 분자를 갖는 세포, 즉 비자기세포는 킬러T세포가 단번에 알아채고 제거에 나선다.

● ● 클래스 I MHC에 바이러스 조각이 결합되면 더 이상 나의 세포가 아니다.

_ 본래 나의 세포라 하더라도 감기 바이러스 등 비자기 항원에 감염된 세포는 클래스 I MHC 분자에 바이러스 조각을 결합시켜 '난 너희랑 달라' 하며 킬러T세포한테 자신의 존재를 각인시킨다(자기의 비자기화).

_ 그렇다고 킬러T세포가 바로 출동하는 것이 아니라, 아래 시나리오에 따라 활동을 개시한다.

● ● 킬러T세포는 헬퍼T세포의 도움으로 잠에서 깨어난다.

_ 비자기 항원이 몸에 침입하면 매크로파지가 이를 씹어 잘게 조각내고, 그 조각을 클래스 II MHC 분자와 결합시켜 헬퍼T세포에게 제시한다(항원제시).

_ 이 항원조각을 비자기라고 인식한 헬퍼T세포는 다양한 사이토카인을 방출해서 킬러T세포를 잠에서 흔들어 깨운다.

_ 헬퍼T세포가 방출하는 다양한 사이토카인은 킬러T세포 이외에도 매크로파지나 B세포 등의 세포를 자극해 활성화시킴으로써, 나의 몸에 침입한 비자기 항원을 없앤다.

여기는 분장실! 자, 그럼 면역 담당세포들을 소개하겠습니다.

제1막에서는 매크로파지와 헬퍼T세포 등이 등장했는데요, 이들 면역 담당세포는 실제 행동대원(매크로파지, B세포, 킬러T세포)들과 그들을 조종하는 사령관(헬퍼T세포)으로 크게 나눌 수 있답니다.

자, 그럼 큰 박수로 이들을 환영해주십시오!

행동대원 ①
매크로파지

여러분, 안녕하세요? 나는 매크로파지라고 해요. 아니, 내 이름이 좀 그렇다구요?

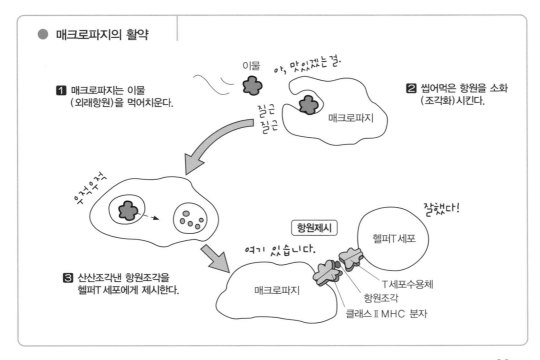

● 매크로파지의 활약

1 매크로파지는 이물(외래항원)을 먹어치운다.

이물

아, 맛있겠는걸.

질근질근

2 씹어먹은 항원을 소화(조각화)시킨다.

매크로파지

우걱우걱

3 산산조각낸 항원조각을 헬퍼T세포에게 제시한다.

항원제시

여기 있습니다.

잘했다!

헬퍼T세포

매크로파지

T세포수용체
항원조각
클래스 II MHC 분자

그럼 내 이름의 유래부터 먼저 말씀드릴게요. '매크로(macro)'는 여러분도 많이 들어봐서 아실 텐데요, 매우 크다는 의미예요. '파지(phage)'는 먹는다는 뜻. 그렇다면 매크로파지는 무슨 뜻일까요? 네, 맞아요. '많이 먹는다' 즉 대식가세포, 그러니까 '대식세포'라는 뜻입니다. 실은 내가 좀 많이 먹거든요.

내가 하는 일이 궁금하다구요?

나는 몸에 들어온 바이러스나 세균 같은 이물을 질근질근 씹어서 분해한답니다. 그렇게 씹은 조각을 내 양손이나 다름없는 클래스ⅡMHC에 올려놓고 헬퍼T세포에게 보여준답니다. '헬퍼T세포 님, 이것 좀 보세요. 못 보던 녀석들이에요!' 하면서 말이지요.

내가 열심히 일한다구요. 맞아요, 맞아! 그렇게 봐주시니 감사합니다. 나의 이런 바지런한 성격을 학자 선생님들은 이렇게 말하신대요.

"매크로파지는 외래항원을 탐식(貪食)해서 항원조각을 헬퍼T세포에게 제시한다(항원제시)."

근데 어디서 사느냐구요? 조직 속에 살아요. 하지만 혈관 속에 사는 건 아니니까 그렇게 먼 곳까지는 갈 수 없어요. 그리고 항상 이물이 들어오나 안 오나 만반의 준비를 하고 기다리지요.

어, 그러고 보니 당신은 누구세요? 못 보던 인물인데……. 아웅, 맛있겠다!

행동대원 ②
B세포

오, 위험해요! 그렇게 갑자기 뛰어오면 내가 잡아먹을지도 몰라요. 난 벌레 잡기와 '땅땅' 포수의 달인이니까요. 못 믿으시겠다구요?

어허, 이것 좀 보세요. 이 Y자형 안테나로 날아다니는 벌레를 귀신같이 잡아낸다구요. 아, 정확한 이름은 벌레가 아니라 '항원(비자기)'이죠. 내 안테나에 항원이 딱 걸리기만 하면, 매크로파지 대원처럼 항원을 한입에 집어삼켜 잘게잘게

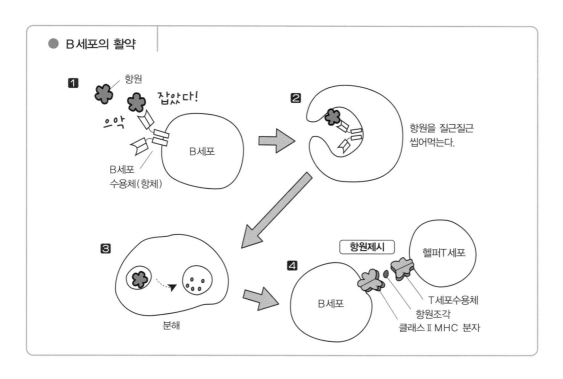

● B세포의 활약

1 항원
잡았다!
으악
B세포
B세포
수용체(항체)

2 항원을 질근질근
씹어먹는다.

3 분해

4 항원제시
B세포
헬퍼T세포
T세포수용체
항원조각
클래스Ⅱ MHC 분자

씹어버린답니다. 그리고 항원조각을 클래스Ⅱ MHC에 찰싹 붙여서 헬퍼T세포에게 제시하는 거예요.

그러면 헬퍼T세포가 명령을 내린답니다.

"이 항원을 없애버려!"

그때부터 나의 눈부신 활약상을 구경하실 수 있어요. 바로 이 Y자형 안테나, 정확한 이름은 B세포수용체를 항체라는 미사일로 변신시켜 '부웅' 발사! 결국 항원을 감쪽같이 해치우는 것이랍니다.

와, 멋있다구요? 감사합니다, 감사합니다!

그럼 어디에 숨어 있냐구요? 숨어 있기는요, 사냥감을 찾아 혈액을 타고 온몸을 헤집고 다니지요. 그래도 가끔은 림프절이나 비장에서 잠시 휴식을 취할 때도 있어요. 그래서 어쩔 땐 림프구로 분류될 때도 있답니다.

림프구가 뭐냐구요?

다음의 '여기서 잠깐!' 게시판을 보세요. 확실하게 이해될 테니까요.

))) 여기서 잠깐!

● ● **림프구**

림프구에 대해 말하려면 먼저 혈액 이야기를 해야 한다. 혈액은 액체와 혈구(약 45%)로 성분이 나누어지는데 혈구는 적혈구, 백혈구, 혈소판 3종류로 이루어져 있다. 그 중에서도 백혈구 그룹을 더 세분해보면 림프구와 호중구(好中球), 매크로파지 등으로 나뉜다. 즉 림프구는 백혈구의 한 구성원인 셈이다. 그런데 림프구는 항원을 잡는 안테나(수용체분자)를 갖고 있다. 수용체 분자 가운데는 항원을 통째로 체포하는 B세포수용체와 MHC 분자에 들러붙은 항원조각을 잡는 T세포수용체가 있다. B세포수용체를 갖고 있는 세포를 B세포, T세포수용체를 갖고 있는 세포를 T세포라고 한다. 즉 T세포와 B세포를 합쳐 림프구라고 한다.

● ● **T세포**

T세포에는 우선 면역반응을 촉진시키는 사령관인 헬퍼T세포, 면역반응을 억제하라고 명령하는 사령관 서프레서T세포(억제T세포 또는 조절성T세포), 스스로 행동대원을 자청하며 비자기세포를 해치우는 살인청부업자 킬러T세포가 있다.

행동대원 ③
킬러T세포

안녕하십니까? 나는 비자기세포를 쥐도 새도 모르게 해치우는 킬러T세포라고 합니다. 쉿, 조심하세요. 내 눈에 띄면 끝장이니까요.

아, 어떻게 적을 구별하느냐구요? 그건 적의 세포 표면에 있는 클래스Ⅰ MHC 분자를 보면 단박에 알 수 있지요. 모양이 다른 클래스Ⅰ MHC 분자를 갖고 있는 놈을 보면 비자기라는 것을 알아채는 거죠. 클래스Ⅰ MHC 분자에 이물이 결합된 녀석은 한때는 동료였을지 모르나 지금은 비자기, 적이니까 인정사정볼 것 없이 해치워버립니다. 아무튼 모양이 다른 클래스Ⅰ MHC 분자다 싶으면 잡아서 공격하는 거지요.

아하, 제1막의 이야기가 나 때문에 너무 잔인하다구요? 모르시는 말씀!

나는 절대 혼자서 함부로 날뛰는 킬러가 아닙니다. 헬퍼T세포가 나를 깨우지 않는 한 순한 양처럼 잠만 자지요.

그러다 내 코털을 건드리면 그땐…… 으르렁!

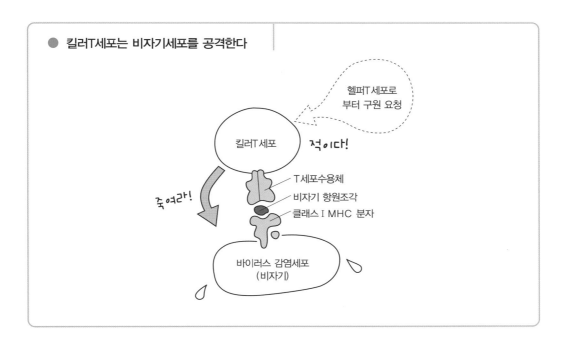

● 킬러T세포는 비자기세포를 공격한다

헬퍼T세포로부터 구원 요청

킬러T세포

적이다!

T세포수용체

비자기 항원조각

클래스 I MHC 분자

죽여라!

바이러스 감염세포
(비자기)

총사령관
헬퍼T세포

여러분, 안녕하십니까? 나는 매크로파지와 B세포, 킬러T세포 등 행동대원을 통솔하는 총사령관입니다.

매크로파지와 B세포가 잡아온 항원을 클래스Ⅱ MHC 분자 손에 얹어 나에게 보여주면 나는 T세포수용체로 그 항원을 체포하지요. 하지만 "빨리 명령을 내려 주십시오" 하는 대원들의 조급한 목소리에 '에헴' 하며 고자세로 나갑니다. 나에게도 총사령관이라는 사회적 지위와 체면이 있으니까요.

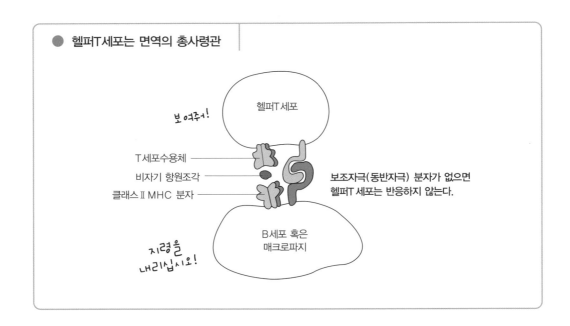

헬퍼T세포는 면역의 총사령관

보여줘!

헬퍼T 세포

T세포수용체
비자기 항원조각
클래스II MHC 분자

보조자극(동반자극) 분자가 없으면
헬퍼T 세포는 반응하지 않는다.

지령을
내리십시오!

B세포 혹은
매크로파지

항원조각을 제시했다고 덜커덩 지시를 내리지 않는 이유는 그들에게 진정 싸우고자 하는 의욕이 있는지 면밀히 분석하기 위해서랍니다. 그러니까 항원조각을 보여주면서 동시에 나에게 싸우겠다는 의지를 좀 다른 종류의 자극으로 보여줘야 해요.

이를테면 친애하는 표시로 악수를 청한다든지, 좀더 적극적인 방법으로 찐한 키스를 퍼붓는다든지……. 서로 세포 표면에 있는 분자끼리 '딱' 밀착시켜 나에게 자극을 전달해야 한답니다. 학자 선생님들은 이런 사랑의 행위를 '보조자극'이라고 부르지요.

하하, 좀 자세히 보여달라고요? 응큼하시기는…….

그래도 잠깐만 참아주세요. 제2막에서 모든 걸 보여드릴 테니까요. 아, 근데 왜 제1막에서는 악수도 하지 않았냐구요?

오호, 눈썰미가 상당하시군요. 자세한 내용은 다음에 얘기할 테지만, 이런 분들을 위해 한 가지 덤으로 가르쳐드리지요.

사랑의 키스(보조자극)가 없으면 행동대원에게 아무런 지시도 내리지 않는 행위를 학자들은 '무반응'이라고 부른답니다. 영어로 표현한다면 'anergy'. 'a-'는 없다(無), '-ergy'는 반응, 일을 의미합니다. 물리에서 에너지(energy)는 일을 하는 원동력을 말하는데, 그러니까 anergy란 '반응하지 않는, 일하지 않는'의 뜻이지요.

아하, 밴댕이 속이라구요?

모르시는 말씀, 이런 까탈스런 성격이 몸에는 얼마나 득이 되는 줄 몰라요. 믿기 어렵다면 제5막에서 보자고요!

)))) 여기서 잠깐!

●● **세포성면역과 액성(液性)면역**

이물을 제거하는 면역의 구조는 크게 세포성면역과 액성면역, 두 갈래로 나뉜다. 세포성면역은 킬러T세포와 매크로파지라는 세포들이 주체가 되어 항원을 제거하는 반응이고 액성면역은 B세포가 발사하는 항체가 주체가 되어 항원을 제거하는 반응이다. 이 2가지 구조가 똘똘 힘을 합쳐 항원을 물리친다.

예를 들면 항체의 손이 닿지 않는 장소에서 증식한 미생물의 경우, 그 미생물(제1막의 감기 바이러스)에 감염된 세포를 킬러T세포가 통째로 잡아 죽이거나, 미생물을 먹은 매크로파지의 소화력을 돕는 것이 바로 세포성면역이다.

여기에서 중요한 것은 세포성면역도 액성면역도 헬퍼T세포가 없으면 발동하지 않는다는 점이다. 에이즈가 공포의 대상인 것은 에이즈 바이러스가 면역의 총사령관인 헬퍼T세포를 먼저 살해해버림으로써, 면역 행동대원들인 매크로파지나 킬러T세포, B세포가 싸움 한번 제대로 못 해보고 에이즈 바이러스에게 완패당하기 때문이다.

너무 무시무시하지 않은가? 에이즈와 관련된 공포 드라마는 제9막에서 자세히 보여줄 예정이다.

여기서 잠깐!

세포성면역(킬러T세포와 매크로파지가 주인공)

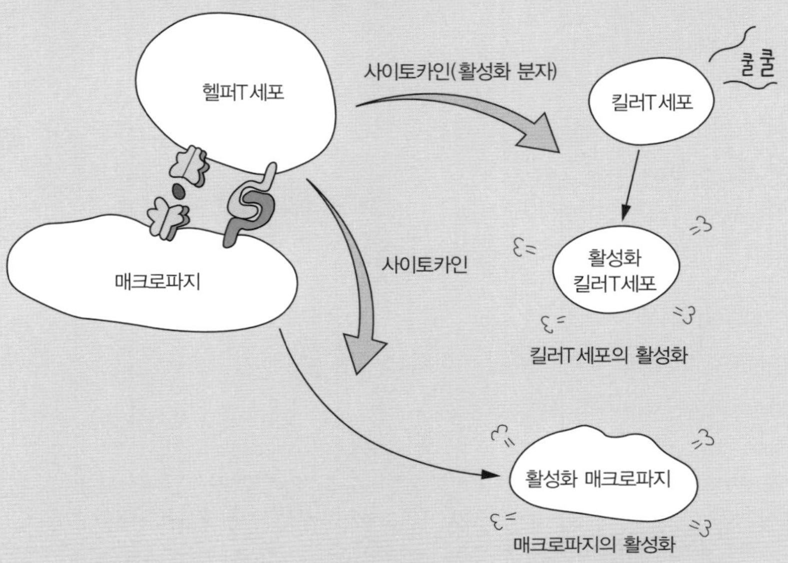
헬퍼T세포
사이토카인(활성화 분자)
킬러T세포
쿨쿨
매크로파지
사이토카인
활성화
킬러T세포
킬러T세포의 활성화
활성화 매크로파지
매크로파지의 활성화

액성면역(B세포가 만들어내는 항체가 주인공)

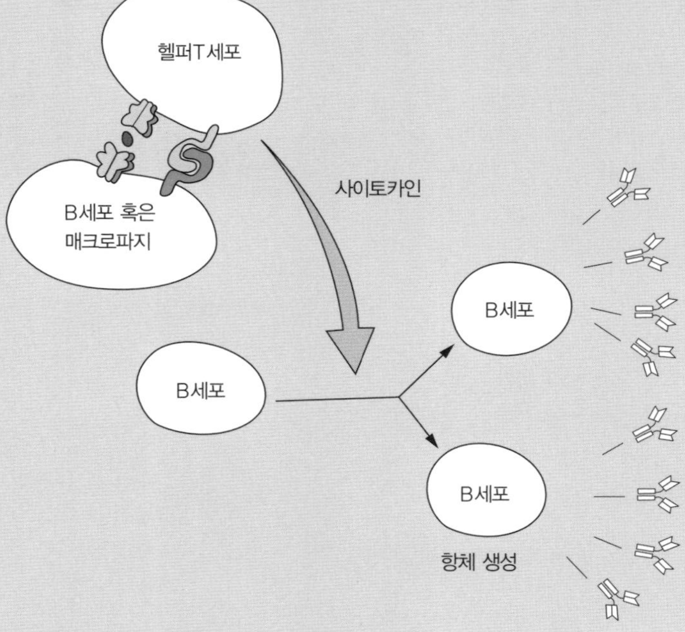
헬퍼T세포
B세포 혹은
매크로파지
사이토카인
B세포
B세포
B세포
항체 생성

산 너머 산, 태산 같은 나의 적))))

제1막에서는 몸에 침입한 감기 바이러스를 B세포가 항체라는 미사일로 무찌르는 장면이 있었다. 항체는 원래 B세포수용체로 B세포 표면에 있으며, 침입해 온 이물을 인식하기 위한 안테나 역할을 수행한다.

B세포의 안테나.

이 하나하나의 안테나에 체포당하는 이물의 종류는 극히 한정되어 있다. 그도 그럴 것이 안테나와 이물의 모양이 딱 일치할 때만 이물을 체포할 수 있기 때문이다.

그런데 우리 몸은 우주의 그 어떤 이물이 들어와도 대항할 수 있는 구조가 갖추어져 있다. 어떻게 그럴 수 있을까?

B세포들이 우주의 이물보다 더 많은 안테나를 갖추고 있기 때문이다. 정말 대단하지 않은가?

제2막에서는 그런 신체의 비밀을 한 꺼풀씩 벗겨나가는 스릴러 드라마가 펼쳐진다. 물론 주연배우는 B세포이다.

자, 시작하자구요, B세포 씨!

유전자의 재편성

scene **2.1**

자, 그럼 모두 B세포에게 주목! B세포는 무수히 많은 종류의 안테나(B세포수용체, 항체)를 만들어, 그 어떤 이물이 우리 몸에 침입해도 인식할 수 있다. 그런데 이런 수많은 안테나를 만들어내는 초능력은 어디서 나오는 것일까? 이번에는 B세포의 초능력을 구경해보자.

어? 그런데 점심시간인지 B세포들이 모두 회전초밥집으로 향하고 있다. 좋아, 우리도 한번 따라 들어가보자. 와, 고맙게도 B세포가 한턱 쏜다고 하는군. 그런데 조건이 있단다.

"5000원, 3000원, 1000원짜리 초밥을 각각 한 접시씩만 드셔야 합니다."

'애개, 겨우 세 접시!' 하며 입맛을 다셔봤자 어쩌겠는가, 얻어먹는 주제에.

그런데 어떻게 골랐는가? 초밥 종류에 따라 다양한 조합이 가능할 것이다. 이처럼 B세포가 무수히 많은 안테나를 만들어내는 비결이 바로 이 조합방식에 녹아 있다.

그러니 초밥만 먹지 말고 어디 한번 열심히 들여다보자!

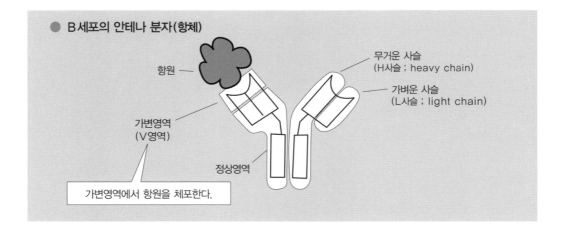

● B세포의 안테나 분자(항체)

항원

무거운 사슬
(H사슬 ; heavy chain)

가벼운 사슬
(L사슬 ; light chain)

가변영역
(V영역)

정상영역

가변영역에서 항원을 체포한다.

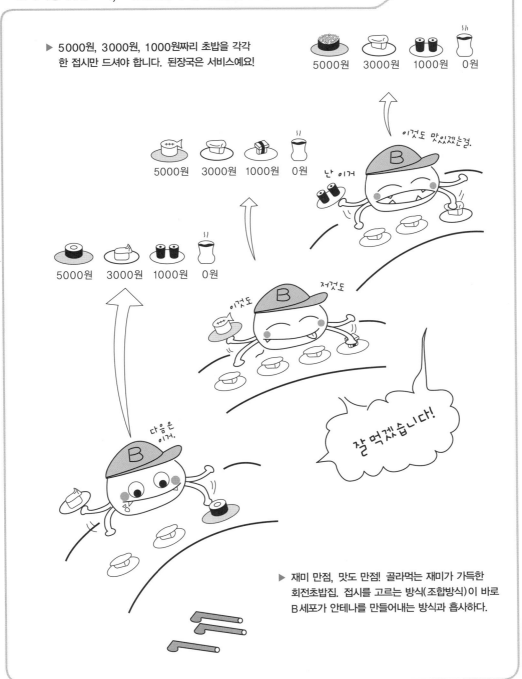

▶ 5000원, 3000원, 1000원짜리 초밥을 각각 한 접시만 드셔야 합니다. 된장국은 서비스예요!

5000원 3000원 1000원 0원

5000원 3000원 1000원 0원

이것도 맛있겠는걸.

난 이거

5000원 3000원 1000원 0원

이것도 저것도

잘 먹겠습니다!

다음은 이거.

▶ 재미 만점, 맛도 만점! 골라먹는 재미가 가득한 회전초밥집. 접시를 고르는 방식(조합방식)이 바로 B세포가 안테나를 만들어내는 방식과 흡사하다.

유전자의 재편성

scene **2.2**

회전초밥집에서 우그적우그적 먹고 있는 B세포! B세포는 워낙 할 일이 많으니까 많이 먹어둬야 한다. 그럼 B세포는 그냥 두고 다음 이야기로 넘어가자.

각각의 B세포는 1종류의 안테나 분자, 즉 B세포수용체(혹은 항체)를 만든다. 항체는 2개의 긴 단백질(무거운 사슬, heavy chain, H사슬)과 2개의 짧은 단백질(가벼운 사슬, light chain, L사슬)로 구성되어 있다. H사슬과 L사슬의 뾰족한 끝부분은 항체마다 모양이 다 달라서, 가변영역(V영역, V는 가변이라는 의미의 영어인 'variable'의 머리글자)이라고 부른다(46페이지). 항체는 이 가변영역에 이물을 '꼼짝 마!' 하며 붙들고 있다.

그런데 단백질은 유전자라는 설계도를 바탕으로 만들어지게 마련인데, 항체 단백이 만들어질 때는 설계도 가운데 선호하는 부분만을 골라서 떼었다 붙였다 하는 과정이 되풀이된다. 마치 회전초밥집에서 좋아하는 초밥을 고르듯 말이다.

H사슬은 V유전자, D유전자, J유전자, C유전자라는 4가지 유전자가 서로 연결되어 완성되는데, 예를 들면 어떤 B세포는 V유전자 조각집단에서 1개, D유전자 조각집단에서 1개, J유전자 조각집단에서 1개, 이런 식으로 무작위로 골라 서로 연결한다. 또 다른 B세포도 옆 페이지의 그림같이 H사슬 유전자를 마치 포스트잇처럼 떼었다 붙였다 하며 H사슬 단백질을 만든다. 그러니 각각의 B세포는 모양이 알록달록 천차만별이 된다.

여기에서 V유전자 조각을 5000원짜리 초밥, D유전자 조각을 3000원짜리 초밥, J유전자 조각을 1000원짜리 초밥, C유전자를 된장국이라고 가정해보자. 자, 앞에서 얘기한 회전초밥집이 생각나지 않는가?

V유전자 조각의 수는 정확하게 알 수 없지만, 대략 200~1000개 정도로 어림잡고 있다. D유전자는 열몇 개, J유전자는 4~6개 정도로 가늠한다. 그러니 V유

전자 조각 - D유전자 조각 - J유전자 조각의 조합으로도 수만 종류를 만들어내는 초능력자가 될 수 있다.

L사슬에서도 이와 똑같은 일이 일어나기 때문에 H사슬과 L사슬을 조합하면 천만 개가 넘는 다양한 모양이 탄생한다.

여기에서는 B세포 애기만 했지만 실은 T세포도 설계도를 떼었다 붙였다 하며 수많은 종류의 안테나(T세포수용체)를 만들어낸다. 이렇게 접착식 메모지처럼 설계도를 떼었다 붙였다 하는 일련의 과정을 조금 거창하게 말하면 '유전자의 재편성'이라고 한다. 이는 도네가와 스스무(利根 川進, 일본의 면역유전학자, 1987년 일본인 최초로 노벨 의학생리학상 수상)가 발견한 이론이다.

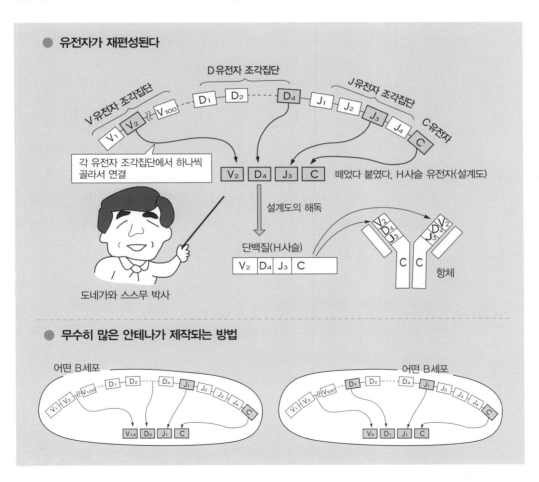

● 유전자가 재편성된다

D유전자 조각집단

V유전자 조각집단

J유전자 조각집단

C유전자

각 유전자 조각집단에서 하나씩 골라서 연결

떼었다 붙였다, H사슬 유전자(설계도)

설계도의 해독

단백질(H사슬)

항체

도네가와 스스무 박사

● 무수히 많은 안테나가 제작되는 방법

어떤 B세포

어떤 B세포

51

단백질을 만드는 설계도, 유전자

scene / **2.3**

B세포와 T세포가 수용체 분자의 설계도(즉 유전자)를 떼었다 붙였다 하면서 안테나를 만드는 묘기대행진을 구경했다.

자, 그럼 '유전', '유전자' 하면 어떤 이미지가 먼저 떠오르는가?

"좀 거창하게 들려요."
"유전은 운명 같은 거 아닌가요? 절대불변의 진리 같은 거……."
"몰라요. 아무튼 너무 어려운 것 같아요."

이런 대답이 들리는 듯한데 절대 그렇지 않다. 유전자를 어렵게 생각할 필요는 없다. 생명활동은 대개 효소와 수용체라는 다양한 단백질이 주축이 되어 꾸려지는데, 유전자에는 이 단백질의 조합방식이 걸려 있는 것이다. 말하자면 유전자는 단백질을 만들기 위한 설계도에 불과하다. 그렇다면 여기서 면역 드라마는 잠시 접어두고 유전자 드라마를 예고편으로 맛만 보자. 우선, 유전자가 DNA와 염색체, 게놈이라는 것과 어떻게 다른지 알아보자.

DNA, 유전자, 염색체, 게놈

• DNA : A, G, C, T라고 생략된 소분자(뉴클레오티드, nucleotide)를 연결해서 만들어진 끈 모양의 분자이다.
• 유전자 : DNA 가운데 단백질 설계정보를 갖춘 부분으로 DNA를 테이프에 비유한다면 유전자는 정보를 가진 녹음 부분에 해당한다.
• 염색체 : 테이프와 같은 DNA를 콤팩트에 감아 단백질로 보관한 것, 즉 카세트테이프에 해당된다.

면역극장 ::: 유전자가 녹음된 염색체 카세트테이프

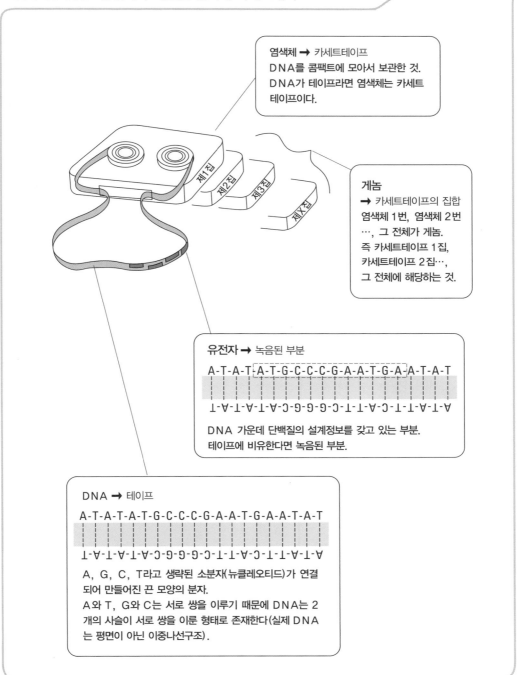

염색체 → 카세트테이프
DNA를 콤팩트에 모아서 보관한 것.
DNA가 테이프라면 염색체는 카세트
테이프이다.

게놈
→ 카세트테이프의 집합
염색체 1번, 염색체 2번
…, 그 전체가 게놈.
즉 카세트테이프 1집,
카세트테이프 2집…,
그 전체에 해당하는 것.

유전자 → 녹음된 부분

A-T-A-T-A-T-G-C-C-C-G-A-A-T-G-A-A-T-A-T

T-A-T-A-T-A-C-G-G-G-C-T-T-A-C-T-T-A-T-A

DNA 가운데 단백질의 설계정보를 갖고 있는 부분.
테이프에 비유한다면 녹음된 부분.

DNA → 테이프

A-T-A-T-A-T-G-C-C-C-G-A-A-T-G-A-A-T-A-T

T-A-T-A-T-A-C-G-G-G-C-T-T-A-C-T-T-A-T-A

A, G, C, T라고 생략된 소분자(뉴클레오티드)가 연결
되어 만들어진 끈 모양의 분자.
A와 T, G와 C는 서로 쌍을 이루기 때문에 DNA는 2
개의 사슬이 서로 쌍을 이룬 형태로 존재한다(실제 DNA
는 평면이 아닌 이중나선구조).

• 게놈(Genom) : 카세트테이프 1집, 2집(염색체 1번, 2번)……, 그 전체를 모두
　　　　　　 합쳐놓은 것이다.

단백질의 설계정보

그렇다면 유전자는 어떻게 단백질의 설계정보를 담당하게 될까?

단백질은 아미노산이라는 재료분자가 일렬로 쭉 연결돼 만들어진 분자이다. 유전자도 뉴클레오티드가 일렬로 연결된 분자인데, 뉴클레오티드 3문자가 세트가 되어 하나의 아미노산으로 변환됨으로써 단백질이 만들어진다.

예를 들면 –A-T-G-C-C-C-G-A-A-T-G-A–라는 뉴클레오티드 행렬이 있다고 가정해보자.

'–A-T-G–'라는 3문자 행렬(트리플렛, triplet, 유전암호의 단위)은 단백질 합성 개시의 신호탄이 되면서 동시에 '메티오닌(methionine)'이라는 아미노산으로 바뀐다. 다음의 '–C-C-C–' 행렬은 '프롤린(proline)', 그 다음 '–G-A-A–'는 '글루타민(glutamine)산'이라는 아미노산으로 전환되며 '–T-G-A–' 3문자 행렬은 단백질 합성 종료의 표시가 된다.

그러므로 앞에서 예로 든 –A-T-G-C-C-C-G-A-A-T-G-A–라는 문자행렬은 '메티오닌-프롤린-글루타민산'이라는 아미노산의 행렬, 즉 단백질로 바뀌는 것이다.

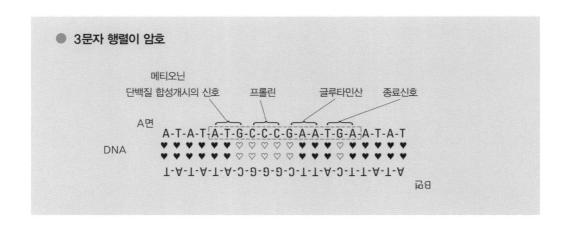

● **3문자 행렬이 암호**

54

유전자는 어디에 있을까?

2.4

그럼 유전자가 왜 단백질의 설계정보라고 불리는지, 그 이유를 대강 이해했을 것이다. 그렇다면 실제 우리 몸에서 단백질은 어떻게 만들어질까?

유전자는 세포 속의 핵⬛이라는 '도서관'과 같은 장소에 보존되어 있다. 녹음 부분인 설계정보(유전자)는 몇만 종류나 있지만, 그 모든 것이 이용되지는 않는다. 예를 들면 눈세포가 근육이나 간장의 단백질 설계정보를 해독하는 것은 아니라는 뜻이다.

어떤 세포가 필요한 단백질을 만들어내기 위해서는 우선 도서관(핵) 안에서 필요한 설계정보(유전자)만을 복사해(복사), 그 복사본(mRNA라고 불리는 끈 모양의 분자)을 도서관(핵) 밖으로 운반한다. 그리고 그 복사본을 바탕으로 단백질을 만든다(번역). 이와 같은 과정을 '유전자 발현'이라고 말한다.

기억하는가, 우리 몸은 60조 개의 세포로 이루어져 있다는 것을? 그 각각의 세포에 기본적으로 핵이 존재한다.

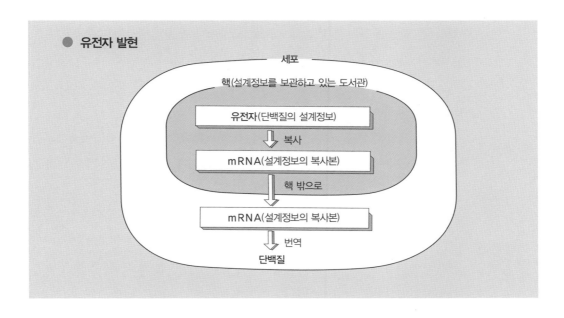

● **유전자 발현**

세포

핵(설계정보를 보관하고 있는 도서관)

유전자(단백질의 설계정보)

⬇ 복사

mRNA(설계정보의 복사본)

⬇ 핵 밖으로

mRNA(설계정보의 복사본)

⬇ 번역

단백질

뒤집힌 유전자 신화

scene **2.5**

'유전자는 단백질을 만들어내기 위한 설계도'다 라는 말, 이젠 그 의미를 이해하겠는가?

그럼 여기서 우리의 생명 현상과 유전자와의 관계에 대해 한번 생각해보는 시간을 갖자.

우리 몸은 60조 개의 세포로 구성되어 있다고 했는데 60조 개의 세포들은 피부세포, 간장세포, 근육세포 등 각각의 모양이나 활동은 다 달라도 그 기원을 쫓아가다보면 하나의 수정란에서 2배, 2배로 분열해 생겼다는 사실을 알 수 있다.

이처럼 하나의 세포가 2개로 분열할 때, 단백질의 설계도인 유전자도 똑같은 것이 2배로 늘어나서(복사), 갈라지고자 하는 세포들에게 균등하게 배분된다. 즉 2개로 분열된 세포는 같은 유전자를 갖게 된다.

이런 사실에 기초한다면 하나의 수정란이 2배로 분열해 생긴 우리 몸의 모든 세포들은 같은 유전자를 갖고 있으므로, 모양이나 활동은 달라도 피부세포나 간장세포나 같은 유전자를 갖는다. 즉 '피부세포와 간장세포의 차이는 어떤 유전자는 해독하고, 어떤 유전자는 해독하지 않았느냐의 차이일 뿐이다' 라고 오랜 세월 믿고 또 믿어왔다.

그런데 그런 믿음이 깨지는 일대 사건이 벌어졌다. 앞서 소개했듯이 B세포가 항체(B세포수용체)를 만들 때 유전자를 떼었다 붙였다 조합함으로써 새로운 유전자를 만들어냈다. 또 T세포수용체를 만들 때도 마찬가지였다.

즉 B세포나 T세포의 경우, 수정란이나 간장세포에서 떨어진 장소에 있는 유전자의 조각이 서로 연결되어 원래 수정란에는 없던 새로운 유전자가 만들어진 것이다. 이것은 '부모님으로부터 물려받은 유전자는 어떤 세포에서나 불변이다' 라는 유전자 신화를 뒤집어버렸다.

유전자는 게놈 가운데 일정한 위치에 존재하며, 그 장소가 움직일 리 없다고 믿고 있었다.

새로운 유전자 신화의 탄생

2.6

scene

지금 새로운 유전자 신화가 탄생의 기미를 보이고 있다. 그것은 '유전자나 DNA의 모든 것, 즉 게놈을 밝히면 생명을 알 수 있다' 라든지, '성격도 행동도 장차 걸릴 질병도 모두 유전자가 결정한다' 는 신화이다.

분명 대다수 생명 현상은 단백질에 따라 운영되기 때문에 단백질 설계도인 유전자 정보를 얻으면 얻을수록, 생명의 수수께끼가 풀릴 것이라고 확신한다. 그러나 유전자 세트가 똑같은 일란성 쌍둥이가 다른 인격을 갖고, 다른 질병에 걸릴 수 있다는 사실은 어떻게 해명할 수 있을까? 또 설사 일란성 쌍둥이라도 항체 유전자나 T세포수용체 유전자를 만드는 방법은 전혀 다르다. 왜냐하면 '어떤 V유전자와 어떤 D유전자와 어떤 J유전자를 연결할까?' 라는 문제는 정말 우연의 일치로 결정되기 때문이다. ■

'생명체는 유전자의 지배를 받는다' 라기보다는 '생명체는 새로운 유전자를 만들어 다양한 수용체 분자를 만들 수 있다' 고 말해야 더 정확한 표현일 것이다. 게다가 어떤 새로운 수용체 유전자를 만들어내느냐의 문제는 '우연' 에 의한 부분이 많기 때문에 이 우연을 소중히 여기는 일이야말로 생명을 소중히 여기는 비밀 가운데 하나일 것이다.

이와 관련된 내용은 마지막 대단원에서 보여줄 예정이다.

■ ■
■ ■

더욱이 항체 유전자를 만들 때는 V유전자, D유전자, J유전자를 서로 연결 시 새로운 소분자(뉴클레오티드)가 개입되기 때문에, 억 단위 종류의 항체분자가 만들어진다. 이때 새로운 소분자가 개입되는 방식 또한 '우연의 일치' 라고 볼 수 있다.

하이라이트))))

제2막

● ● B세포가 이물을 체포하는 데 사용하는 안테나 분자(B세포수용체 : 항체)의 종류는 무수히 많다. 그 이유는 안테나 분자의 설계도(유전자)를 떼었다 붙였다 하기 때문이다(유전자의 재편성).

● ● 항체는 2개의 H사슬과 2개의 L사슬이라는 단백질로 이루어져 있다.

● ● H사슬 유전자는 각각 여러 개 존재하는 V유전자에서 1개, D유전자에서 1개, J유전자에서 1개를 무작위로 선택해 그것들을 서로 연결한다.

_ H사슬의 V유전자 조각–D유전자 조각–J유전자 조각의 조합만으로도 수만 개의 유전자가 만들어진다. L사슬도 이와 똑같기 때문에 H사슬과 L사슬을 조합시키면 천만 종류 이상의 다양성이 탄생한다.

_ T세포수용체도 위와 같은 시스템으로 수많은 다양성이 탄생하게 된다.

● ● 수정란에 없었던 새로운 유전자가 만들어졌다.

_ 우리 몸의 60조 개 세포는 모양이나 작용은 다 달라도, 모두 같은 유전자를 갖고 있다고 믿어왔다.

_ 그런데 B세포나 T세포의 경우, 항체구조를 결정하는 유전자의 사례에서와 같이 수정란에는 없던 새로운 유전자가 만들어져 있었다. 이렇게 해서 '부모로부터 물려받은 유전자는 불변이다'는 유전자 신화는 완전히 뒤집혔다.

홍역, 난 네가
한 일을 알고 있다!))))

제2막에서는 B세포와 T세포가 무수히 많은 이물에 대응해 역시 무수히 많은 안테나(수용체 분자)를 만드는 판타지를 관람했다. 그럼 제3막에서는 이렇게 만들어진 안테나의 활동을 살펴보면서, 면역 담당세포가 어떻게 이물을 공격하는지 그 과정을 감상해보자.

특히 그들(그 중에서도 B세포)은 한 번 전투에서 만났던 상대(이물)는 용케도 기억한다. 바로 이런 기억이야말로 기원전부터 알려진 '두 번 없는 현상'의 본질이다.

감기는 걸리고 또 걸리고, 매일 감기를 달고 사는 사람도 많은데 왜 홍역은 한 번 걸리면 두 번 다시 걸리지 않는 것일까? '두 번 없는 현상'을 응용한 '백신요법'이란 어떤 치료법일까? 궁금하니까 어서 보여달라고?

자, 그럼 제3막의 막을 올리자.

림프구의 안테나 활동

scene / **3.1**

B세포 중에서도 열쇠와 열쇠구멍 관계같이, 이물 (항원) 모양과 딱 들어맞는 안테나를 가진 B세포가 해당 이물을 체포할 수 있다.

먼저 림프구, 그러니까 B세포와 T세포의 안테나 활동 가운데 B세포에 스포트라이트를 맞춰 살펴보자. 자, 조명, B세포에 큐!

우리 몸에 이물이 침입하면 B세포는 안테나(B세포수용체, 항체)로 이물을 붙잡아서 ■ 맛있게 씹어먹는다. 먹는다고 하니까 대식가인 매크로파지가 생각난다구? 와, 정말 열심히 관람했군. 맞다, 매크로파지와 마찬가지로 B세포도 이물을 잡아먹을 수 있다.

B세포는 잘근잘근 씹어서 조각낸 이물(항원조각)을 헬퍼T세포에게 보여준다(항원제시). 헬퍼T세포도 자신이 갖고 있는 안테나(T세포수용체)로 B세포가 제시하는 항원조각을 붙잡고서 마구마구 흥분하며 격려금과 같은 활성화 분자(사이토카인)를 뿜어내 B세포를 자극한다. 그러면 B세포는 분열하면서 항체를 미사일 형태로 전환시켜 쑤웅 발사한다.

컷! 바로 여기까지가 제2막까지의 줄거리다. 자, 그러면 새로운 극을 시작해보자.

면역극장 ::: B세포의 대활약

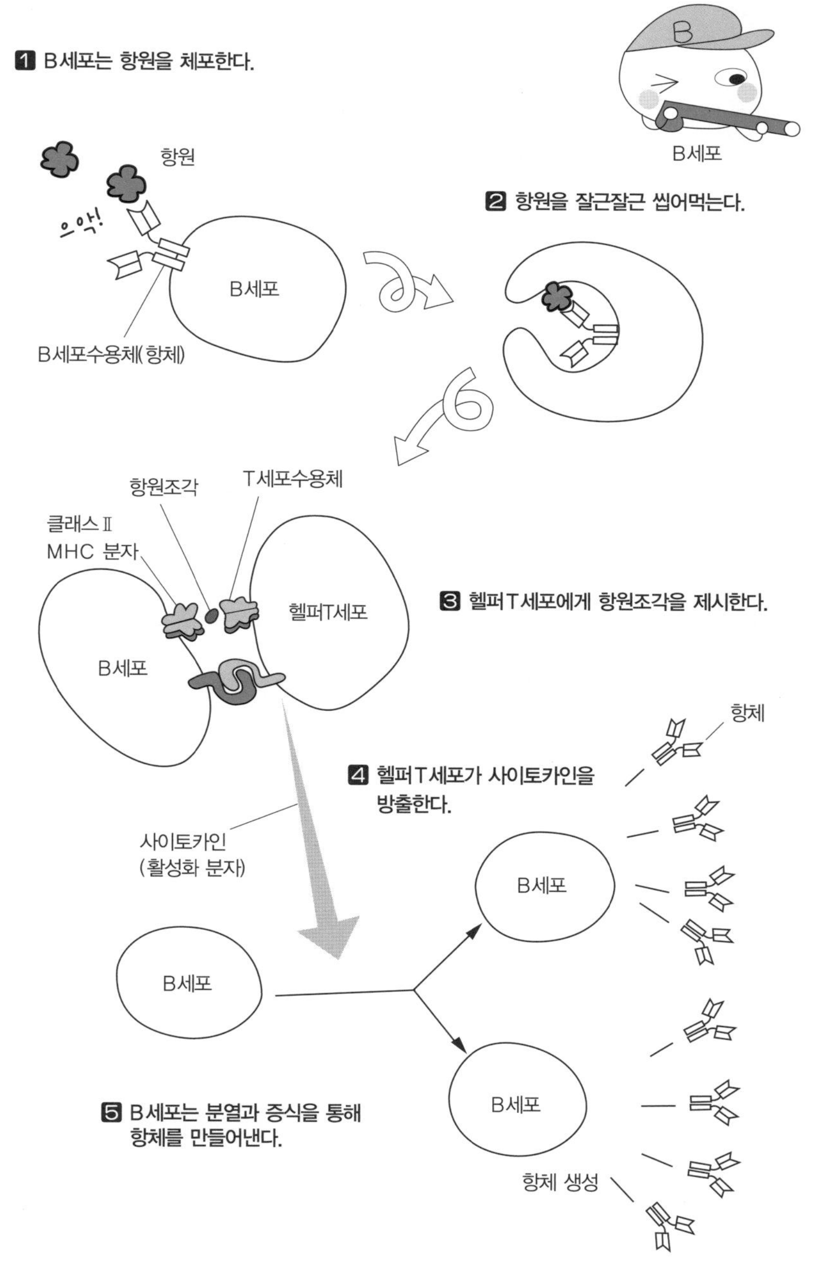

1 B세포는 항원을 체포한다.

B세포

항원

으악!

B세포수용체(항체)

B세포

2 항원을 잘근잘근 씹어먹는다.

항원조각

T세포수용체

클래스 II
MHC 분자

헬퍼T세포

B세포

3 헬퍼T세포에게 항원조각을 제시한다.

항체

4 헬퍼T세포가 사이토카인을
방출한다.

사이토카인
(활성화 분자)

B세포

B세포

B세포

5 B세포는 분열과 증식을 통해
항체를 만들어낸다.

항체 생성

항체가 항원을 해치우는 3가지 방법

scene 3.2

독이 되는 부분을 살짝 감춰요(중화)

그럼 새로운 막을 올려보자. 미사일로 발사된 항체는 어떻게 항원을 해치울까?

우선 첫 번째로 중화(中和)라는 방법이 있다. 항체는 특정 항원에 찰싹 들러붙어 결합하는 성질이 있다. 이렇게 결합한 항체는 항원의 독이 되는 부분을 은근슬쩍 덮어버려 항원을 해치운다.

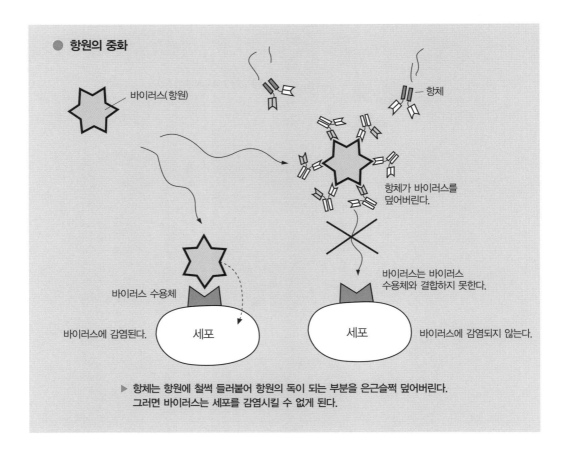

● 항원의 중화

바이러스(항원)

항체

항체가 바이러스를 덮어버린다.

바이러스는 바이러스 수용체와 결합하지 못한다.

바이러스 수용체

바이러스에 감염된다.

세포

세포

바이러스에 감염되지 않는다.

▶ 항체는 항원에 철썩 들러붙어 항원의 독이 되는 부분을 은근슬쩍 덮어버린다. 그러면 바이러스는 세포를 감염시킬 수 없게 된다.

양념을 솔솔 뿌린다(옵소닌화)

두 번째 방법은 항체가 항원과 결합해 매크로파지를 깨우는 방법이다. '나 홀로 항원' 보다는 아무래도 항체가 결합된 항원이 매크로파지 입장에서 보면 잡아 먹기가 훨씬 쉽다. 이를 '옵소닌화(opsonization)' 라고 하는데, 이 용어의 원래 의미는 '버터를 살살 펴 바른다' 이다. 맛있게 양념에 찍어먹는다는 말이 되는 것이다.

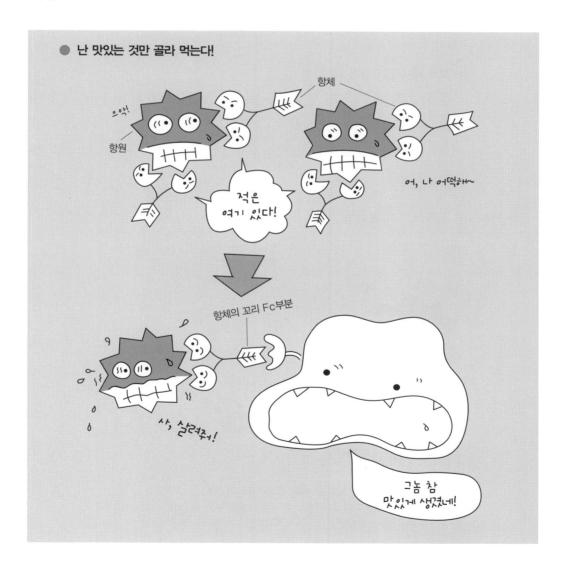

● 난 맛있는 것만 골라 먹는다!

'보체'라는 응원단

항체가 항원에 찰싹 들러붙음으로써 생기는 세 번째 사건은 '보체(補體)'라는 혈액에 있는 단백질 집단을 깨우는 일이다. 보체란 항체의 활동을 보좌하는 단백질을 말한다.

보체라는 이름만 보고서 '보좌한다구? 에이, 그럼 있으나마나 한 거 아냐?' 하고 얕보면 큰일난다. 항원을 해치우는 마지막 행동대원으로 아주 중요한 임무를 띠고 있기 때문이다.

● **보체 제1성분(C1)이 1번 타자**

항체가 항원에 들러붙으면 처음에 보체 제1성분(C1)이 깨어난다(C는 보체의 영문명인 'Complement'의 머리글자). 그러면 C1은 그 부하가 되는 제4성분(C4)을 깨우고, 자극을 받은 C4는 제2성분(C2)을 깨우고……. 이런 식으로 도미노 반응이 일어난다.

면역극장 ::: **먼저 C1이 활성화된다!**

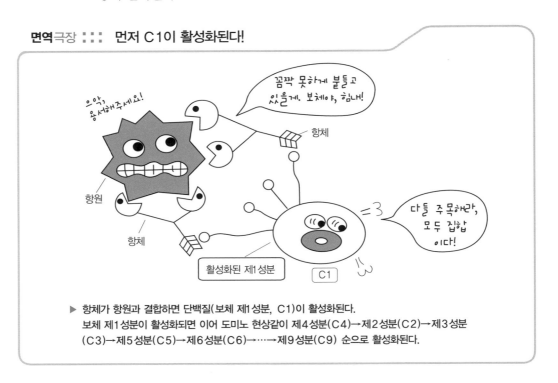

▶ 항체가 항원과 결합하면 단백질(보체 제1성분, C1)이 활성화된다.
보체 제1성분이 활성화되면 이어 도미노 현상같이 제4성분(C4)→제2성분(C2)→제3성분(C3)→제5성분(C5)→제6성분(C6)→…→제9성분(C9) 순으로 활성화된다.

● 도미노 연쇄반응의 결과, 무슨 일이 일어날까?

드디어 보체 제3성분(C3)이 C3a와 C3b로, 보체 제5성분(C5)도 C5a와 C5b로 분해된다. 그리고 항체가 항원을 양념해서 매크로파지가 좀더 맛있게 먹을 수 있게 하듯이, C3b도 항원에 양념을 해서 매크로파지가 맛있게 먹을 수 있도록 맛을 돋운다. ☞또 C3a와 C5a는 염증성 백혈구를 불러오는 전도사로 활동한다.

도미노 연쇄반응의 마지막 순간에는 항원에 구멍을 내는 장치(C9 복합체)가 완성되는데, 그로써 게임 오버! 이렇게 해서 항체는 항원을 깔끔하게 해치운다.

🐱 기억의 달인

'C3b' : 음식의 맛을 내는 참기름, 참(C) 삼(3)삼해 보(b)이네!

면역극장 ::: 도미노 연쇄반응의 결과는?

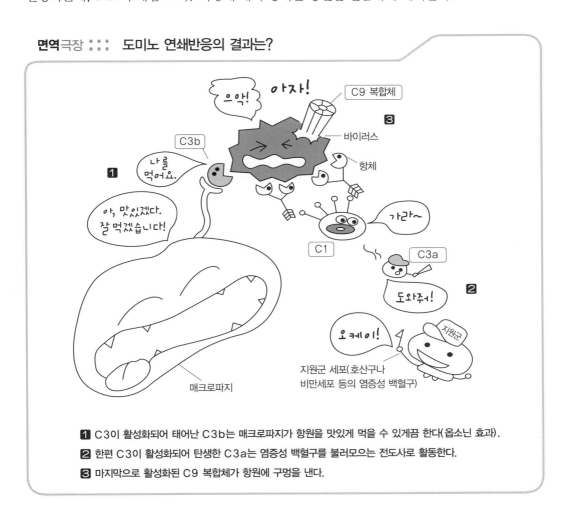

❶ C3이 활성화되어 태어난 C3b는 매크로파지가 항원을 맛있게 먹을 수 있게끔 한다(옵소닌 효과).
❷ 한편 C3이 활성화되어 탄생한 C3a는 염증성 백혈구를 불러모으는 전도사로 활동한다.
❸ 마지막으로 활성화된 C9 복합체가 항원에 구멍을 낸다.

면역 기억세포의 탄생과 역할

scene **3.3**

지금까지 B세포수용체(항체)의 활약상을 지켜보면서 이물을 공격하는 구조를 관람했다. 그런데 면역 담당세포들은 한 번 싸운 상대는 용케도 그 얼굴을 기억한다. 그들의 훌륭한 '기억력' 덕분에 한 번 걸린 홍역에 다시 걸리지 않는 '두 번 없는 현상'이 가능한 것이다.

그럼, 면역 담당세포들의 기억력에 대해 좀더 자세히 알아보자.

우리 몸에 이물이 침입해오면 B세포는 이를 붙잡아 질근질근 씹어먹은 다음, 그 조각을 헬퍼T세포에게 제시한다. 그 뒤, 헬퍼T세포로부터 활성화 분자(사이토카인)를 받으면 B세포는 분열·증식해서 항체를 미사일 형태로 전환, 이물을 향해 발사한다.

이때 점점 불어난 B세포 가운데 일부는 면역 기억세포가 되어 림프절 속으로 쏘옥 숨는다. 그리고 다시 같은 항원이 나타났을 때 발 빠르게 대량의 항체를 발사해 항원을 제거한다.

홍역에 두 번 걸리지 않는 이유는 바로 두 번째로 침입한 홍역 바이러스를 면역 기억세포가 잽싸게 출동, 제거해주기 때문이다.

그런데 독감 바이러스나 에이즈 바이러스 같은 병원미생물은 꼬리가 아흔아홉 개 달린 구미호처럼 변신에 능해 면역 담당세포가 '어, 못 보던 녀석이구먼!' 하며 처음 만난 바이러스와 똑같이 취급하기 때문에 그만큼 신속히 대응할 수 없다. 바로 이것이 독감에 걸리고, 또 걸리는 이유다.

바로 내가 '두 번 없는 현상'의 주인공이라구요!

다음에 또 만나요! 안녕~

몰래 숨어서
다음 전투에 대비하는 면역 기억세포

헬퍼T

활성화 분자(사이토카인)

분열!

헬퍼T 세포

분열!

B세포

분열!

활성화 분자(사이토카
인)를 받은 B세포는
분열·증식해나간다.

항체

항원

분열을 되풀이하며 항체
를 발사하게 된 B세포

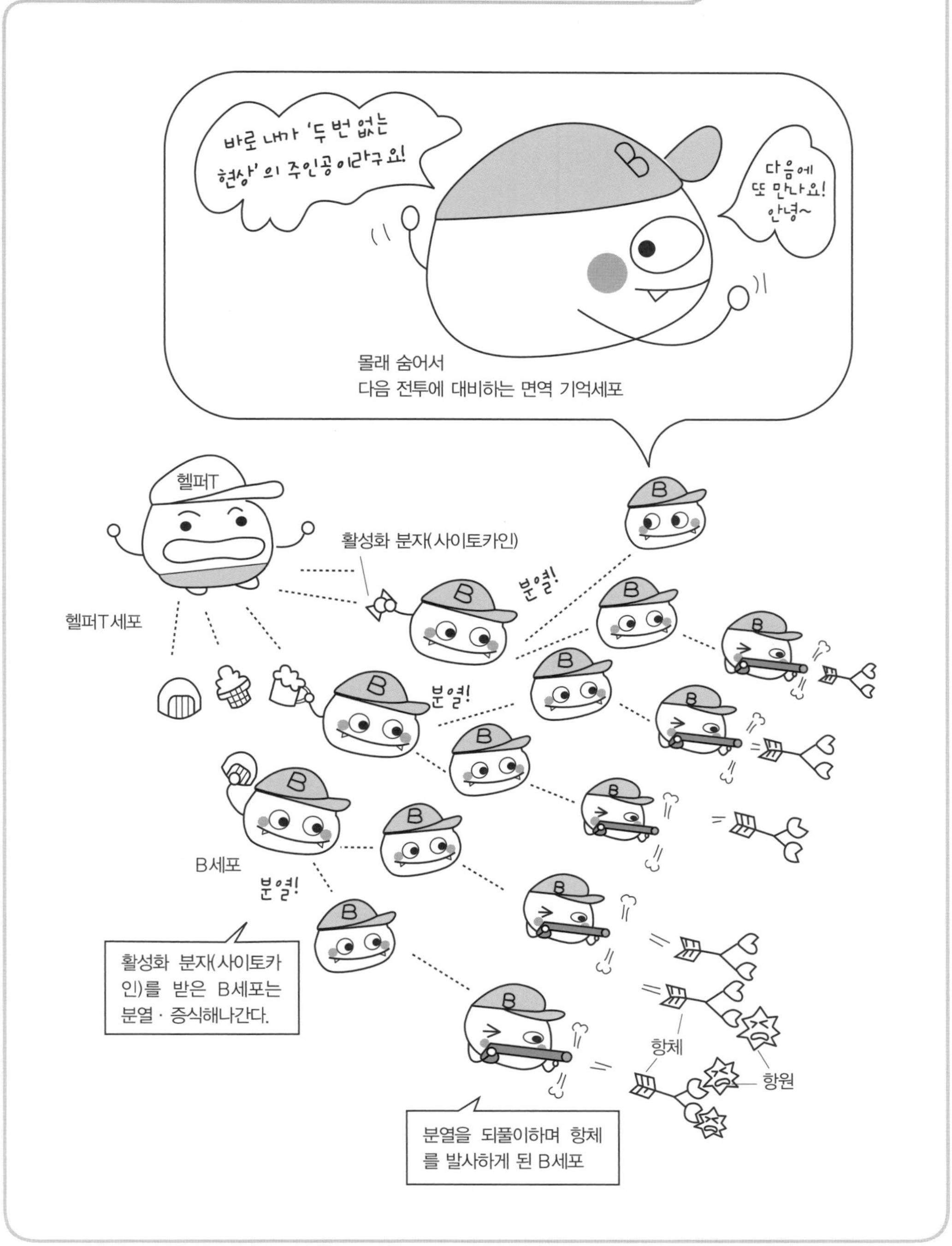

면역의 기억력을 이용한 백신요법

scene **3.4**

에취, 에취, 감기에 자꾸 걸리는 이유를 이제 알겠는가?

그럼 '두 번 없는 현상'을 응용해 무시무시한 전염병을 예방하는 백신요법에 대해 알아보자.

독성을 약하게 처리한 병원미생물이 체내로 들어오면(접종이라고 한다), B세포가 병원미생물을 붙잡아 해치운다. 이때 일부 B세포는 그 병원미생물을 면역 기억세포로 남겨둔다. 그러면 병원미생물이 체내에 다시 침입했을 때, 면역 기억세포들이 잽싸게 출동해 깔끔하게 제거한다. 백신요법이란 이런 면역의 똑똑한 기억력을 이용한 예방법이다.

예를 들어 초등학교 때 투베르쿨린(tuberculin, 결핵 감염 여부를 진단하기 위해 쓰이는 주사액으로 1890년 독일 세균학자 코흐가 만듦) 반응검사를 받은 기억이 혹시 나는가?

'투베르쿨린 반응검사'가 뭐냐구?

주사를 맞고 이틀 뒤 주사 맞은 부위가 팅팅 부어오르는지를 살펴보는 것이다. 초등학교 때 지름 3㎝ 정도나 팅팅 부어오른 친구들도 있고, 아무 변화도 없던 친구도 있었을 것이다. 바로 이 반응으로 예전에 결핵에 걸렸는지 아닌지를 알 수 있다. 투베르쿨린 반응에서 음성판정을 받으면 BCG를 접종하게 된다. BCG는 우형결핵균을 약독화시킨 백신이다. 백신을 접종함으로써, 체내에 면역 담당 세포가 우형결핵균을 기억하고 다음에 결핵균이 침입해왔을 때 잽싸게 손을 쓸 수 있게 된다.

독감백신도 있긴 있다. 하지만 앞서 말한 것과 같이 독감은 겉옷에 해당하는 표면 단백질을 다양하게 변화시키기 때문에 별 효과가 없다.

백신의 역사에 대해서는 15페이지를 참고해라.

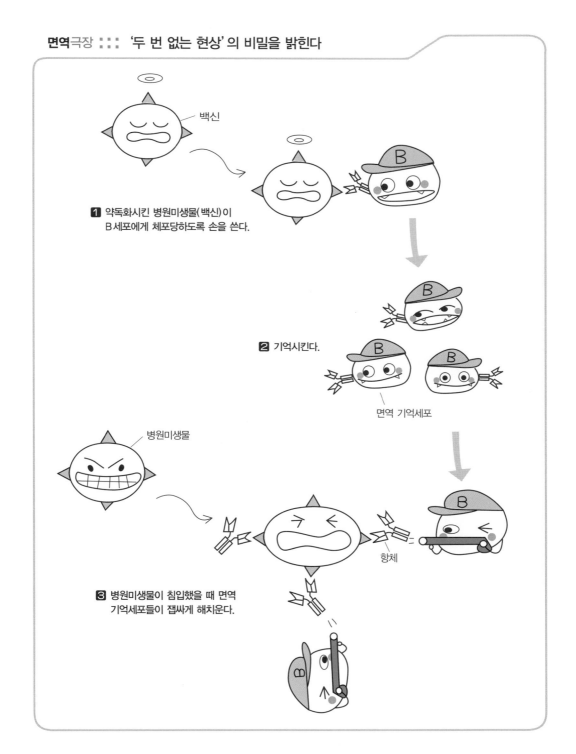

백신

1 약독화시킨 병원미생물(백신)이
B세포에게 체포당하도록 손을 쓴다.

2 기억시킨다.

면역 기억세포

병원미생물

3 병원미생물이 침입했을 때 면역
기억세포들이 잽싸게 해치운다.

항체

하이라이트))))

● ● B세포가 항체를 발사하기까지는 B세포의 항원인식, 항원제시 → 헬퍼 T세포의 흥분 → B세포의 증식, 항체생성이라는 흐름을 거친다.

● ● 항원에 대항하는 항체의 활동은 중화, 옵소닌화, 보체의 활성화이다.

항체가 항원과 결합했을 때 일어나는 반응

_ 독소가 되는 부분을 덮어버린다(중화).

_ 매크로파지가 맛있게 먹을 수 있도록 양념을 솔솔 뿌려준다(옵소닌화).

_ 항체의 활동을 보좌하는 단백질(보체)을 활성화시킨다.

보체 단백질들의 활동

_ 옵소닌화 : C3b

_ 호산구 등의 염증성 백혈구를 불러들인다 : C3a, C5a

_ 항원에 구멍을 낸다 : C9 복합체

● ● B세포의 일부는 면역 기억세포로 남는다.

_ 헬퍼T세포로부터 활성화 분자(사이토카인)를 받아 증식한 B세포의 일부는 면역 기억세포가 되어, 림프절 속에 꽁꽁 숨어 지낸다.

_ 다시 같은 항원이 나타났을 때 잽싸게 대량의 항체를 발사해 항원을 제거한다. 이것이 면역학적인 기억이다.

_ 약독화시킨 병원미생물을 체내에 주입시켜 B세포에게 체포당하도록 사전에 손을 쓴다. 즉 B세포에게 병원미생물을 각인시키는 것이 백신요법. 이렇게 하면 병원미생물이 침입했을 때 면역 기억세포들이 발 빠르게 대응, 제거할 수 있다.

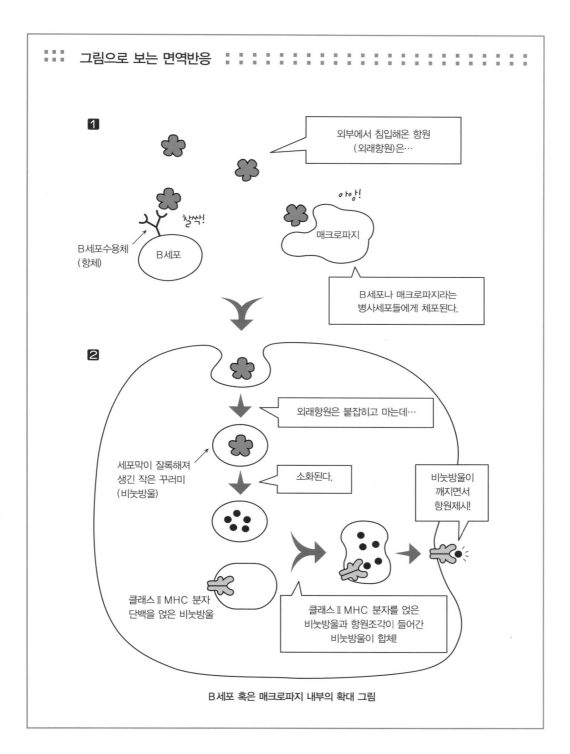

B세포 혹은 매크로파지 내부의 확대 그림

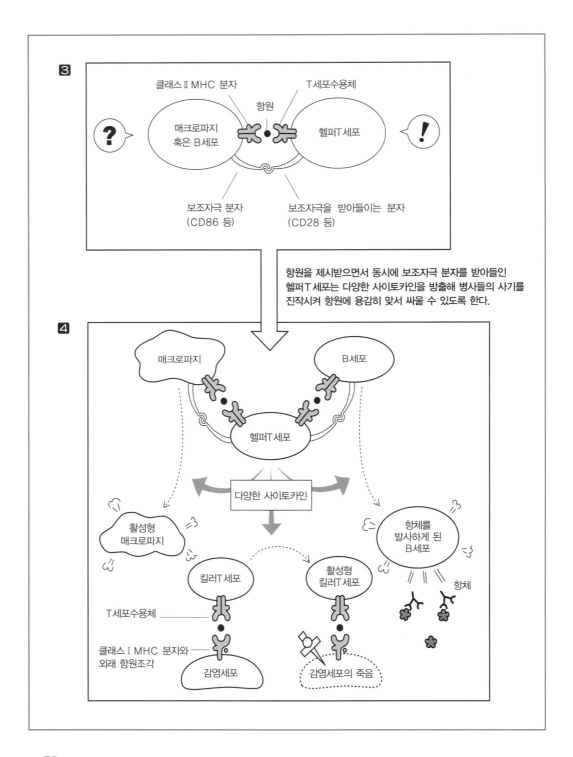

항원을 제시받으면서 동시에 보조자극 분자를 받아들인 헬퍼T세포는 다양한 사이토카인을 방출해 병사들의 사기를 진작시켜 항원에 용감히 맞서 싸울 수 있도록 한다.

'나'를 교육시키는 공포의 흉선학교))))

면역반응은 '내 몸 속의 성분(자기 항원)'에 대해서는 원칙적으로 반응하지 않는다. 이처럼 '나'를 공격하지 않는 이유는, 면역 담당세포가 자기 항원에 반응했을 경우 죽음을 면치 못하기 때문이다.

즉, 우리 몸의 '흉선(胸線)'이라는 장기는 T세포의 교육 장소로, 그곳에서 자기 항원과 반응할 것 같은 위험한 T세포들을 인정사정 볼 것 없이 제거해버린다. 또 자기 항원과 반응할 기미가 보이는 B세포들도 흉선과는 별도의 장소에서 살해당하는데, 대학살이 적용되는 대상은 주로 T세포들이다.

자, 납량특집으로 준비한 공포의 흉선학교. 많이많이 즐겨주시길!

면역 담당세포의 어린 시절

scene **4.1**

면역반응에서 대활약을 보이는 헬퍼T세포와 킬러T세포들! 그들은 어디에서 태어나고 어떤 교육을 받으며 자라날까?

T세포도, B세포도 그리고 매크로파지도 모두 단 한 종류의 '조혈줄기세포(造血幹(간)細布, hematopoietic stem cell, 조혈간세포라고도 한다)'라는 조상세포에서 탄생한다. 즉 조혈줄기세포가 2배, 2배로 분열증식한 세포들이 바로 T세포나 B세포, 매크로파지로 성장해나간다.

원래 조혈줄기세포는 골수에 존재하지만, 조혈줄기세포가 분열해서 생긴 미숙한 림프구는 혈액 속을 떠돌다가 심장 앞에 있는 흉선에 정착해 '미숙T세포'가 된다. 그 밀실과 같은 장기 속에서 미숙T세포는 '자기'와 '비자기'를 구별할 수 있는 어엿한 '성숙T세포'로 성장한다.

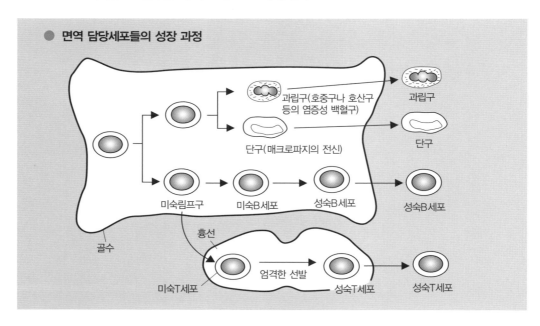

● **면역 담당세포들의 성장 과정**

과립구(호중구나 호산구 등의 염증성 백혈구)

과립구

단구(매크로파지의 전신)

단구

미숙림프구　미숙B세포　성숙B세포　성숙B세포

골수

흉선

미숙T세포　엄격한 선발　성숙T세포　성숙T세포

세포의 생사를 가르는 공포의 테스트

4.2

scene

그렇다면 미숙T세포에게 '자기(自己)'가 무엇인지 확실하게 가르쳐주는 학교, 즉 흉선에서는 어떤 교육이 펼쳐질까? 자, 우리 모두 흉선학교로 등교해보자.

공포의 테스트

흉선학교에는 '수상(樹狀)세포'와 '너스(nurse)세포'라는 흉선상피(披)세포가 있다. 너스(간호사)라는 이름만 보고 '백의의 천사'를 떠올리다가는 큰 코 다 친다. 실은 피도 눈물도 없는 무시무시한 교관이라고 할까?

교관은 MHC 분자에 자기 항원조각을 얹어놓고, 태어난 지 얼마 되지 않은 미숙T세포들에게 시험을 강요한다. 즉, 자기 항원에 반응하는지 어떤지를 테스트 하는 것이다.

면역극장 ::: 공포의 테스트가 시작되다!

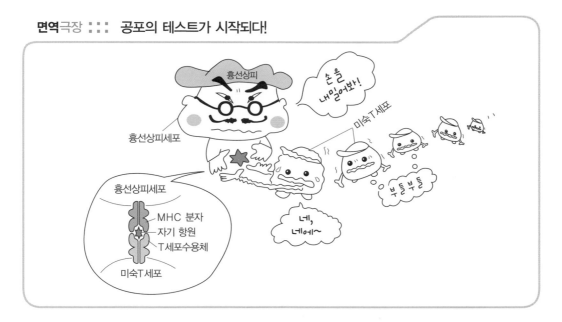

75

누가 실격인가?

이 테스트에서 강하게 반응한(자기 항원에 강하게 반응한) 미숙T세포는 불쌍하게도 실격자로 내몰려 가차 없이 살해당한다. 테스트에서 이렇다 할 반응을 보이지 않은 미숙T세포도 '능력 없음'으로 간주되어 사형대로 끌려간다. 이런 식으로 97% 이상의 미숙T세포들이 흉선학교에서 '자격미달'로 희생된다.

이와 같이 세포끼리 상호작용하여 스스로 죽어버리는 메커니즘을 '아포토시스(apoptosis)'라고 하는데, 나에게 반응하는 미숙T세포는 바로 이 아포토시스에 의해 선별적으로 제거된다.

■■
아포토시스 : 독물이나 산소결핍 같은 물리적 혹은 화학적 상해에 의한 세포의 죽음을 괴사(壊死, necrosis)라고 한다면, 아포토시스는 세포가 다양한 신호자극을 받았을 때 스스로 파괴되는 메커니즘을 말한다.

면역극장 ::: 내가 '나'에게 반응하는 순간…

▶ 자기 성분에 강하게 반응한 미숙T세포는 흉선상피세포 눈에 띄게 된다.

▶ 자기 성분에 강하게 반응한 미숙T세포는 죽음을 면치 못하느니라!

선택된 세포들의 여정

scene **4.3**

CD : CD란 cluster of differentiation의 머리글자. CD는 세포 표면에 있는 단백질을 의미하고, 번호는 세포 종류와 활동을 구분하기 위한 도장 같은 것이다. 하지만 하나의 세포에 하나의 CD만 있는 것은 아니다. 가장 유명한 CD는 CD4. 에이즈 바이러스는 헬퍼T세포의 표시인 CD4와 결합해 온몸을 카오스 상태로 만들어버린다.

요즘 대학은 일단 들어가기만 하면 졸업은 그리 어려운 일이 아니다. 그러나 흥선학교는 단 3%만이 졸업할 수 있다. 이들 소수정예 졸업생이야말로 '비자기(非自己)'와 반응하는 선택받은 엘리트 세포들이다.

그들에게 CD4나 CD8 등의 표시가 새겨지면서 각각 헬퍼(세포 표면에 CD4가 새겨진다)와 킬러(세포 표면에 CD8이 새겨진다) 등의 역할이 맡겨진다. 그리고 마침내 신비로운 면역의 세계로 여행을 떠난다.

졸업을 진심으로 축하하며, 새로운 출발에 힘찬 박수를 보낸다!

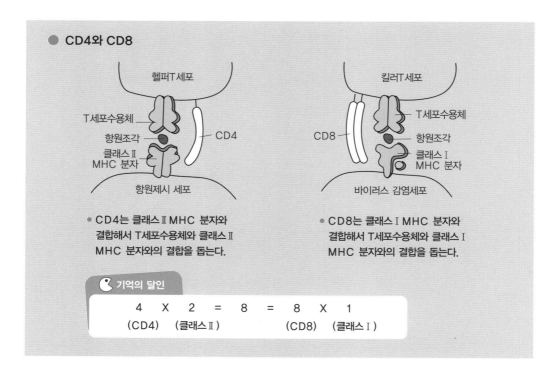

● CD4와 CD8

헬퍼T세포

T세포수용체

항원조각

클래스Ⅱ MHC 분자

CD4

항원제시 세포

킬러T세포

T세포수용체

CD8

항원조각

클래스Ⅰ MHC 분자

바이러스 감염세포

- CD4는 클래스Ⅱ MHC 분자와 결합해서 T세포수용체와 클래스Ⅱ MHC 분자와의 결합을 돕는다.

- CD8는 클래스Ⅰ MHC 분자와 결합해서 T세포수용체와 클래스Ⅰ MHC 분자와의 결합을 돕는다.

기억의 달인

4	X	2	=	8	=	8	X	1
(CD4)		(클래스Ⅱ)				(CD8)		(클래스Ⅰ)

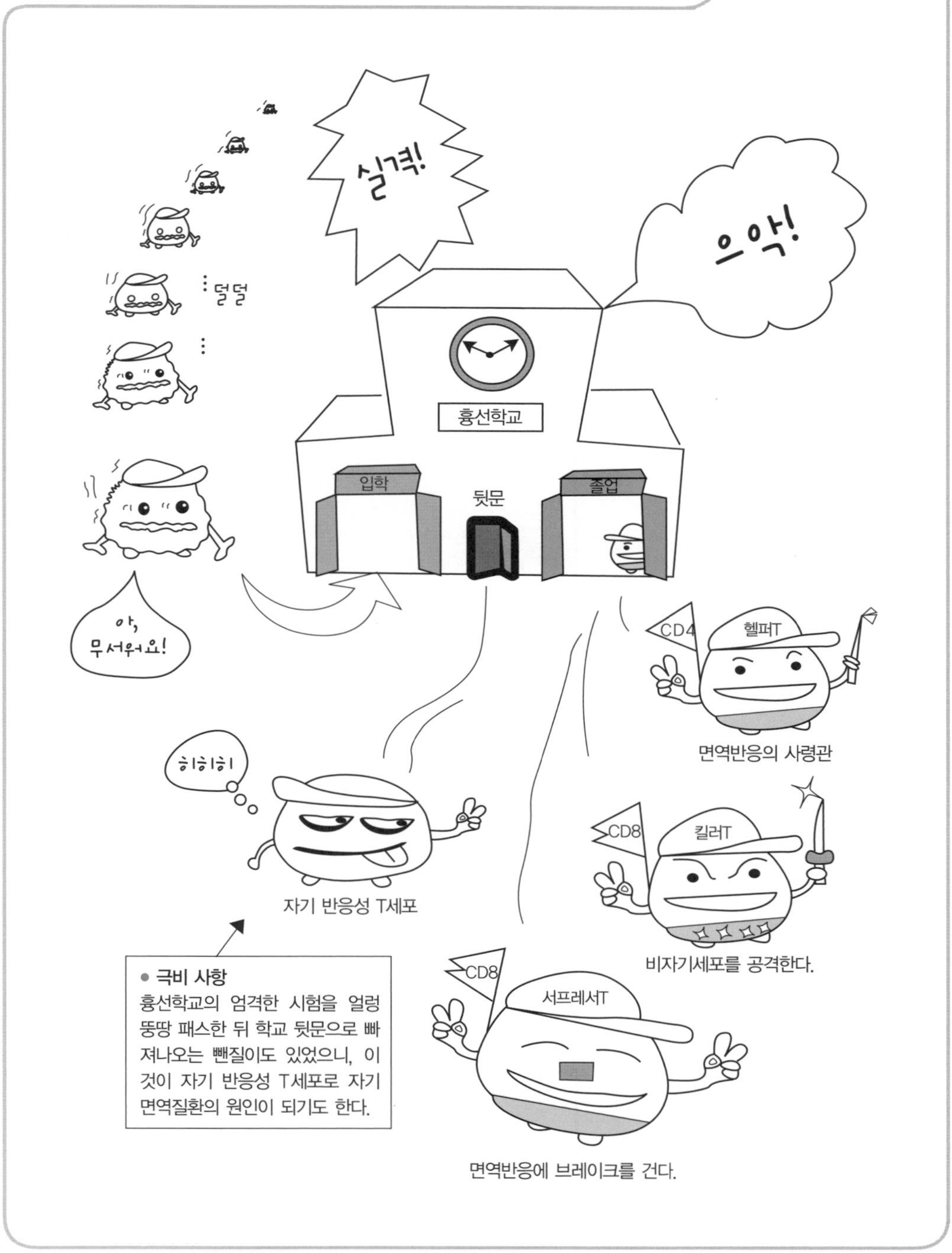

실격!

으악!

덜덜

흉선학교

입학　뒷문　졸업

아, 무서워요!

히히히

자기 반응성 T세포

CD4　헬퍼T

면역반응의 사령관

CD8　킬러T

비자기세포를 공격한다.

CD8

서프레서T

면역반응에 브레이크를 건다.

● **극비 사항**
흉선학교의 엄격한 시험을 얼렁뚱땅 패스한 뒤 학교 뒷문으로 빠져나오는 빼질이도 있었으니, 이것이 자기 반응성 T세포로 자기 면역질환의 원인이 되기도 한다.

)))) 여기서 잠깐!

●● **영양분을 골고루 섭취하지 않으면 왜 면역력이 떨어지는 것일까?**

감기에 걸렸을 때 '입맛이 없어도 좀 먹어둬. 병이랑 싸우려면 힘이 있어야지' 하며 따라
다니면서 먹을 걸 챙겨주시던 어머니의 모습이 혹시 기억나는가?

영양이 부족하면 면역력이 떨어진다는 것은 누구나 알고 있는 사실이다.

원래 항체나 보체는 단백질이지만 아미노산이 부족하면 형성되지 않는다. 또 아연이나
비타민은 세포가 증식하는 데 없어서는 안 될 존재로, 부족하면 T세포나 B세포가 제대
로 증식하지 못하게 된다. 영양이 부족하면 면역력이 떨어지는 이유를 이젠 알겠는가?

영양부족이 면역력을 떨어뜨린다면, 면역과잉으로 발생하는 알레르기나 자기면역질환은
영양부족으로 고칠 수 있을까?

그렇게 간단한 치료로 알레르기나 자기면역질환을 고칠 수 있다면 나도 벌써 나아야
할 텐데, 우리는 여전히 만성질환에 시달리고 있다. 나의 대답은 오히려 몸만 해치게 된
다는 것이다. 나이가 들면 면역력이 떨어지는 원인 가운데 하나가 영양부족이라는 얘기
도 있다. 그러니 면역력을 키우기 위해서라도 평소 균형 있는 영양 섭취가 중요하다는
말씀!

혹시 이 사실은 알고 있는가? 최근 알레르기가 증가하는 원인 중 하나가 영양 불균형 때
문일지도 모른다는 것을 말이다. 그런 의미에서 면역 영양학의 연구도 앞으로 기대되는
유망 분야가 아닐까 싶다.

왜 면역은
나를 공격하지 않을까?))))

왜 면역은 나를 공격하지 않을까?

'나에게 반응할 미숙T세포와 B세포들이 성숙되기 전에 미리 제거되기 때문'이라는 이유가 10여 년 전 신빙성 있는 학설로 정립되었다.

그런데 공포의 흉선학교도 허점은 있는 모양이다. '나'를 항원으로 인식하고 반응한 T세포들이 흉선학교에서 몰래 도망가버리는 경우가 발생하니……. 하지만 면역세포는 '나'에게 좀처럼 반응하지 않는다. 면역반응이 어떤 성분에 대해 '감히' 반응하지 않는 현상을 '면역관용'이라고 하는데, '나'에 대해서도 면역관용이 성립된다.

그렇다면 면역관용은 어떤 구조로 이루어져 있을까?

제5막에서는 여러분을 한없이 베풀고 베푸는 관용의 세계로 안내할 것이다. 자, 그럼 또다시 막을 올려보자.

'나'를 공격하는 자기면역의 폭동

scene / **5.1**

　나에 반응하는 T세포나 B세포는 대부분 어린 시절 장렬한 최후를 맞이한다. 그런데 간혹 그렇게 가혹하게 희생되지 않는 B세포가 있다. T세포 중에도 흉선학교의 엄격한 테스트를 얼렁뚱땅 패스한 뒤, 슬그머니 뒷문으로 빠져나가는 뺀질이가 있다. 이런 자기 반응성 T세포와 자기 반응성 B세포가 한 패거리가 되어 서로 주거니받거니 자극을 하면 나에게 면역반응이 일어나는 '자기면역의 폭동'이 발생하게 된다.

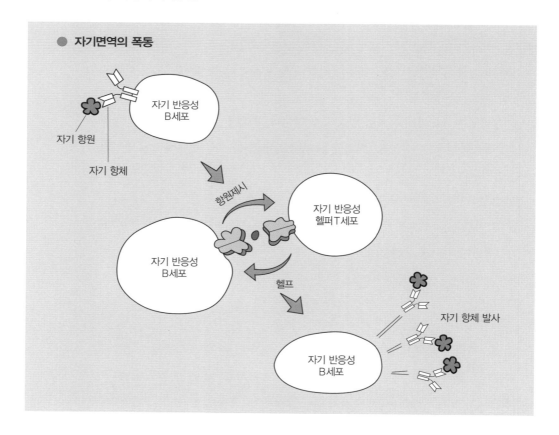

● **자기면역의 폭동**

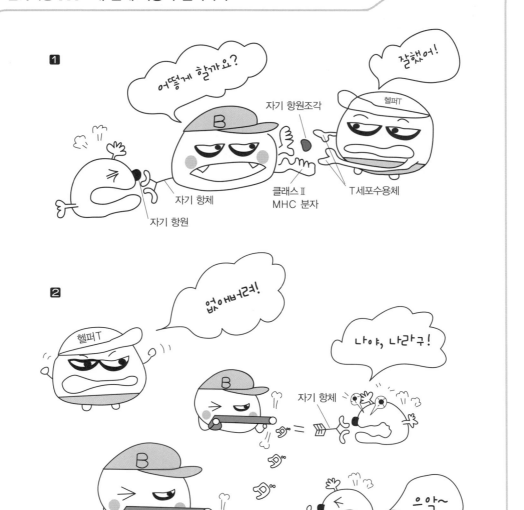

1 자기 반응성 B세포가 자기 항원을 붙잡아 조각낸 뒤, 자기 반응성 헬퍼T세포에게 제시한다.

2 흥분한 자기 반응성 헬퍼T세포는 자기 반응성 B세포를 자극해 항체를 발사시킨다.

자기면역의 폭동을 막는 3가지 작전

scene 5.2

'내가 나를 공격하는 반응'이 빈번하게 펼쳐지면 큰일이 난다. 그래서 우리 몸에는 자기면역을 예방하기 위한 3가지 시스템이 정비되어 있다.

'삐순이'가 되다

헬퍼T세포는 매크로파지나 B세포가 제시한 항원조각을 보면 흥분하긴 하지만, 항원조각만 보고 시도 때도 없이 흥분하는 것은 아니다. 헬퍼T세포의 자기소개에서도 이미 밝혔듯, 콧대 높은 헬퍼T세포를 흥분시키기 위해서는 애정어린 악수, 혹은 키스와 같은 보조자극이 반드시 필요하다(42페이지).

보조자극의 구체적인 예를 든다면, 항원제시 세포의 표면에 있는 CD86이라는 분자가 있다. CD는 세포 표면에 있는 도장 같은 꼬리표 단백질이다. 헬퍼T세포는 항원제시 세포가 제시한 항원을 T세포수용체로 체포함과 동시에, CD86이 퍼붓는 키스를 CD28이라는 분자가 받아들여야 비로소 흥분을 한다('헬로'하면 바로 '안녕하세요'라는 말이 튀어나오는 것과 같다). 이 자극이 없으면 헬퍼T세포는 흥분은커녕, 고개도 돌리지 않는다. 이것을 무반응(anergy)이라 한다고 이야기했었다.

이물(비자기 항원)이 침입했을 때 항원제시 세포는 항원조각을 헬퍼T세포에게 제시하면서 동시에 보조자극도 헬퍼T세포에게 퍼붓는다. 반면 자기 항원을 제시하는 세포는 헬퍼T세포에게 이 보조자극을 주지 못한다. 그러면 사랑의 키스(보조자극)를 받지 못한 자기 반응성 헬퍼T세포는 당장 '삐순이'가 되어 두 번 다시 반응하지 않는다.

자기면역의 폭동을 예방하는 첫 번째 방법은 이와 같이 자기 반응성 헬퍼T세포를 획 토라지게 하는 '무반응'인 것이다.

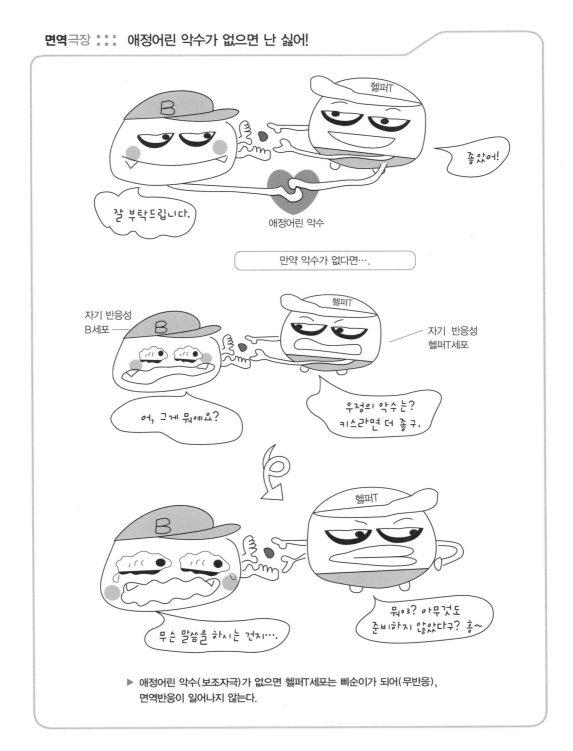

▶ 애정어린 악수(보조자극)가 없으면 헬퍼T세포는 삐순이가 되어(무반응),
　면역반응이 일어나지 않는다.

사랑의 키스를 앗아가다

애정어린 악수 혹은 사랑의 키스와 같은 보조자극을 받지 못한 자기 반응성 T세포는 자기 항원을 제시받아도 토라져서 반응을 하지 않는다(무반응). 그런데 만에 하나, 자기 반응성 T세포가 보조자극을 받아 흥분해버린다면 어떻게 될까?

'어머어머, 그럼 큰일나죠. 절대 안 돼요!' 하며 호들갑을 떨 필요는 없다. 이 경우에도 비장의 예방책이 있으니까. 이것이 두 번째 시스템이다.

헬퍼T세포가 흥분을 하면 너무 오버하지 말라고 스스로 브레이크를 거는 장치가 있다. 예를 들어 항원제시 세포가 항원을 제시하면서 CD86이라는 사랑의 키스로 헬퍼T세포를 자극했다고 가정해보자. 그러면 헬퍼T세포는 CD28분자로 CD86을 받아들여 흥분하게 되는데, 시간이 지나면 헬퍼T세포는 CTLA-4라는 분자를 세포 표면으로 내보낸다. CTLA-4는 사랑의 키스(CD86)를 CD28에게서 빼앗아, 헬퍼T세포에게 '더 이상 흥분하지 마세요, 좀 참아주세요' 하며 마이너스 신호를 전달한다.

이와 같은 시스템을 통해 처음엔 흥분했던 헬퍼T세포도 시간이 지나면 반응을 멈출 수 있게 된다.

면역극장 ::: **사랑의 키스를 앗아간다**

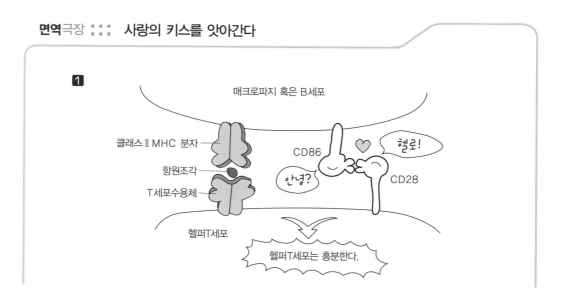

2 시간이 지나면 CTLA-4가 세포 표면으로 나온다.

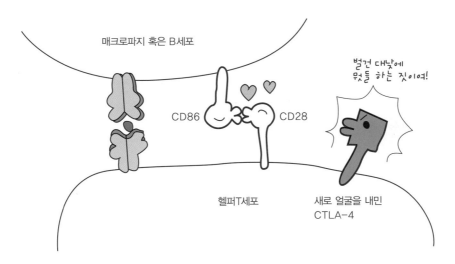

3 CTLA-4가 CD28에게서 CD86을 앗아간다.

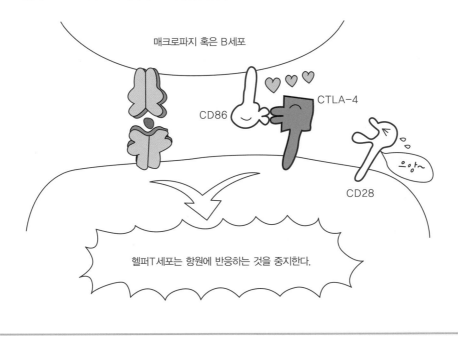

■ ■
■ ■ ■

TGF-β :

transforming growth
factor-β의 약칭. 사이토
카인의 일종으로, T세포의
활동을 억제하는 대표주자.
이 분자가 발견되었을 당시,
악성종양의 발생(transfor
mation)을 촉진시키는 인
자로서의 활동이 주목받았
다. 기타 T세포의 활동을 억
제하는 사이토카인으로 인
터루킨 10(IL-10)이 있다.

헬퍼T세포를 꼭 붙들어둔다

흥분한 헬퍼T세포가 스스로 흥분을 진정시키는 모습을 살펴보았다. 그렇다면 자극이 워낙 강해 스스로 억누르지 못할 경우에는 어쩌면 좋을까? 사태가 이쯤 되면 다른 세포의 힘을 빌릴 수밖에 없다.

이것이 세 번째 방법으로 '서프레서T세포(suppressor T cell, 조절성T세포)'가 등 장한다. 서프레서T세포는 인터루킨 10과 TGF-β 라는 사이토카인을 방출해 흥 분한 헬퍼T세포의 활동을 억제(서프레스)한다.

면역극장 ::: **서프레서T 세포의 힘을 빌리다**

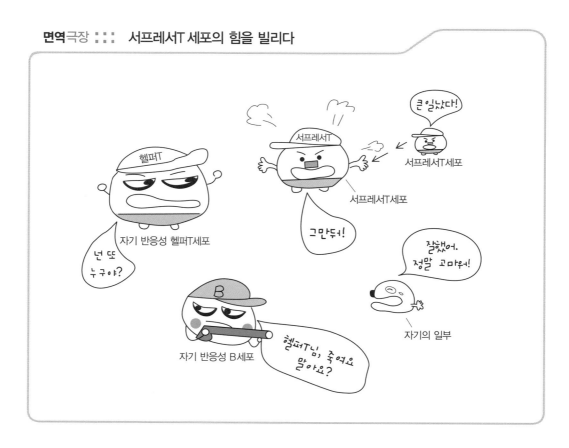

한없이 베푸는 면역관용의 세계

5.3

scene

　나에게 반응할 것 같은 헬퍼T세포를 흉선학교에서 사전에 해치우거나, 혹은 삐지거나 억제하는 등 다양한 방법을 총동원해서 자기면역의 폭동을 사전에 진압하는 과정을 살펴보았다. 이와 같이 세포와 세포가 연출해내는 행동이 '나'를 유지시켜준다.

　어떤 성분에 대해 면역반응이 일어나지 않는 것을 '면역관용'이라고 하는데 자기에 대해서는 면역학적으로 한없는 관용을 베풀어 제거반응이 일어나지 않는다. 그것은 단순히 '관용'의 차원이 아닌, 적극적인 의미에서 '관용을 베푼다'는 것임을 반드시 기억하자.

하늘 같은 관용, 임신이라는 대하드라마

scene **5.4**

지금까지 나에 대항한 면역반응을 사전에 방지하기 위한 치밀한 작전을 살펴보았다. 아울러 어떤 성분에 대해서는 면역반응이 감히 생기지 않는 현상을 면역관용이라고 말했다.

이처럼 면역은 나에 대해서는 한없는 사랑과 관용을 베풀고, '내가 아닌 것'에 대해서는 피도 눈물도 없이 매정하다고 철썩같이 믿어왔다.

그러나 비자기에 대해서도 면역반응이 일어나지 않는 경우가 있는데, 그 덕분에 우리가 이 세상에 태어날 수 있었다. 바로 임신이라는 현상이다.

원래 태아세포의 클래스 I MHC 분자(26페이지)의 반은 어머니한테서, 나머지 반은 아버지한테서 물려받은 것이다. 아버지에게서 물려받은 클래스 I MHC 분자는 어머니 입장에서 보면 '비자기'가 되기 때문에 어머니의 면역 담당세포의 공격을 받아 마땅하다. 하지만 태아는 클래스 I MHC 분자를 통째로 감춰버려 어머니 킬러T세포의 공격을 피한다.

그래도 아직 넘어야 할 장애물이 많다. 클래스 I MHC 분자를 숨긴 세포는 다음에는 '내추럴킬러세포(natural killer cell, NK세포)'라는 천부적인 저격수의 표적이 되어버린다(147페이지). 내추럴킬러세포는 클래스 I MHC 분자가 없는 세포를 공격하기 때문이다. 그래서 태아세포는 숨겨놓은 클래스 I MHC 분자 대신, HLA-G라는 인류 공통의 클래스 I MHC 분자를 표면에 방출해 내추럴킬러세포의 공격을 교묘하게 피해간다. 그야말로 세포와 세포의 밀고 당기는 치열한 전투인 것이다.

이밖에도 태아세포는 어머니의 면역 담당세포를 방해하는 물질을 방출한다. 임신이라는 드라마는 이런 이중 삼중 작전으로 비자기인 태아를 면역계로부터 굳건하게 지키고 있다.

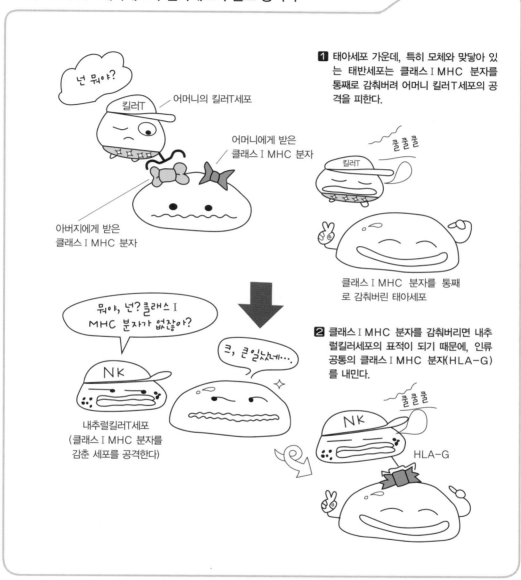

1 태아세포 가운데, 특히 모체와 맞닿아 있는 태반세포는 클래스 I MHC 분자를 통째로 감춰버려 어머니 킬러T세포의 공격을 피한다.

클래스 I MHC 분자를 통째로 감춰버린 태아세포

2 클래스 I MHC 분자를 감춰버리면 내추럴킬러세포의 표적이 되기 때문에, 인류 공통의 클래스 I MHC 분자(HLA-G)를 내민다.

넌 뭐야?

킬러T

어머니의 킬러T세포

어머니에게 받은 클래스 I MHC 분자

아버지에게 받은 클래스 I MHC 분자

쿨쿨쿨

킬러T

뭐야, 넌? 클래스 I MHC 분자가 없잖아?

크, 큰일났네…

NK

내추럴킬러T세포 (클래스 I MHC 분자를 감춘 세포를 공격한다)

쿨쿨쿨

NK

HLA-G

　자기에 대한 관용, 혹은 태아에 대한 관용이라는 적극적인 행동을 떠올렸을 때 '자기의 유지' 혹은 '임신의 유지'가 절대 당연한 현상이 아님을, 정말 기적이라고 말할 수 있는, 생명이 움트는 태초의 활동임을 피부로 느낄 수 있다.

하이라이트))))

●● 나에 대해 면역반응이 일어나지 않는 시스템이 정비되어 있다.

자기에 대한 관용의 메커니즘

_ 자기 항원에 반응한 미숙T세포, B세포를 가차 없이 제거한다. 'deletion (삭제)'

_ 자기 반응성 헬퍼T세포를 토라지게 만든다. 'anergy(무반응)'

_ 자기 반응성 헬퍼T세포를 방해한다. 'suppression(억제)'

> 🌟 **기억의 달인**
>
> 이상과 같은 작전을 기억하기 좋게 '살해해, 방해해, 토라지게 해'라고 외워두는
> 건 어떨까?

)))) 여기서 잠깐!

●● 옻을 먹으면 정말 옻에 오르지 않을까?

옻나무를 자주 접하다보면 옻에 오르지 않는다는 얘기, 혹시 들어봤는가? 적어도 옻칠 기술자들 사이에서는 널리 알려진 이야기이다.

입을 통해 우리 장 속에는 항상 다양한 음식물이 흘러 들어온다. 음식물은 우리 몸 입장에서 보면 분명 '비자기'다. 더구나 음식물이 통과하는 장관(腸管)의 표면적은 입에서 항문까지 400제곱미터나 된다. 그것은 피부 표면적의 약 200배, 테니스 코트 2배에 해당하는 넓이라고 한다.

그런데 우리가 음식을 섭취할 때마다 면역반응이 일어난다면 아무것도 먹을 수 없게 될 것이다. 그래서 장의 점막 아래에 있는 T세포는 음식물을 공격하지 않도록 면역반응을 억제하고 있다.

입으로 들어온 항원에 대해서는 면역반응이 일어나기 어려운 현상을 '경구(經口)관용'이라고 말한다. 항원을 공격하지 않고 널리 관용을 베풀어주는 것이다.

어머니 뱃속에서 아기가 열 달이나 살 수 있는 것도, 매일매일 음식을 맛있게 먹을 수 있는 것도 모두 면역관용이라는 현상 덕분이다.

면역관용 현상은 현재 한창 연구가 진행되고 있으니, 머지않아 과잉 면역반응을 제어할 치료법이 탄생하지 않을까 기대해본다.

:: T세포들의 생생 토크

분장실
인터뷰   ))))

자기 반응성 헬퍼T세포 뭐야, 날 완전히 날강도처럼 분장해줬네.
영 마음에 안 들어!

킬러T세포 하하하, 잘 어울리는데 뭘 그래.

자기 반응성 헬퍼T세포 그래? 정말 괜찮아? 난 어린 시절 기억이 거의 남
아 있는 게 없어. 근데 우리가 너스세포한테서 교
육을 받았다구? 너스? 이름 참 예쁘네. 자상하고
마음이 바다처럼 넓은 분이실 것 같아.

킬러T세포 지금 무슨 소릴 하는 거야? 아이고 세상에, 그런 호랑이 선생은 아마
이 세상에 또 없을 거야. 내 친구도 몇 명이나 그 자리에서 바로…….
으악! 난 정말 운 좋게 살아남았지만 그때 일을 생각하면 지금도 소름
이 쫙 돋는걸.

자기 반응성 헬퍼T세포 어머나, 그랬구나.

킬러T세포 뭐야, 남의 일처럼 말하고 있어. 자네 친구도 몇 명이
나 살해당했잖아. 어, 그러고 보니 너, 뺀질이 그룹?

자기 반응성 헬퍼T세포 헤헤헤, 그렇지 뭐. 그래도 너무 그런 눈으로 쳐다보지 마. 난 참을성
이 무지 많으니까 그리 쉽게 반응하지 않는다구. 그러니 긴장 풀어,
이 친구야!

이렇게 호언장담을 하는 자기 반응성 헬퍼T세포!
하지만 이성을 잃고 단숨에 살인마로 돌변하는 자기 반응성
T세포를 진정시키는 것이 바로 서프레서T세포랍니다.

세포와 세포의 불협화음이 초래하는 질병

60조 개의 세포들이 옹기종기 모여 완성된 나의 몸은 마치 세포와 세포가 만들어낸 사회와 같다. 이 사회에서 사령관 세포와 실제 행동대원들이 주거니 받거니 밀담을 나누며 상호관계를 엮어간다.

그런데 세포들의 관계에 '삐그덕' 불협화음이 일기 시작하면 '여기도 쑤시고 저기도 쑤시는' 병적인 상태에 빠지고 만다. 예를 들면 면역반응의 사령관 헬퍼T세포의 힘이 약해지면 다른 행동대원들이 일선에서 제대로 활약을 하지 못한다.

그 대표적인 예가 에이즈다. 에이즈 바이러스는 수많은 면역 담당세포 가운

데 유독 헬퍼T세포만 겨냥해서 죽이는데, 이 헬퍼T세포가 면역 담당 사령관 직책을 맡고 있기 때문에 결과적으로 면역반응 전체가 휘청거리고 만다.

한편 면역반응에 '끼익' 브레이크를 거는 서프레서T세포의 활동이 약해지면, 면역반응이 오버해서 시도 때도 없이 발동하게 된다. 알레르기나 자기면역질환 등의 질병은 대개가 면역반응의 과잉행동이 일으키는 것이다.

면역반응이 넘쳐도, 부족해도 탈이 나는 우리 몸!

제2부에서는 우리 몸의 이상현상인 여러 질병을 '세포와 세포의 불협화음'이라는 입장에서 조망해본다.

제6막 | 알레르기

화분증, 기관지 천식에 걸렸다구?))))

꽃가루 날리는 봄철이 되면 연방 '에취, 에취' 재치기를 해대며 화분증(花粉症)으로 고생하는 사람들이 참 많다.

화분, 그러니까 꽃가루는 원래 우리 몸에 전혀 해롭지 않은, 말 그대로 아름다운 꽃의 가루일 뿐인데 우리를 왜 이리도 괴롭히는 것일까?

바로 면역 담당세포들의 과잉반응 때문에 '콧물, 재치기, 코막힘' 이 생기는 것이다. 그러니 꽃가루가 죄인이 아니라 아리따운 꽃인 줄도 모르고 오버액션하는 면역 담당세포들이 죄인이라면 죄인이다.

꽃가루나 먼지 등 본래 무해한 것에 대해 과잉으로 면역반응을 일으켜 결과적으로 몸에 더 해를 끼치는 질환을 '알레르기' 라고 한다. 알레르기는 그리스어의 'allos(변하다)' 와 'ergo(작용 · 능력)' 를 합친 것으로, '역병을 물리쳐주는 고마운 면역반응이 오히려 몸에 해를 끼치는 것으로 변신한다' 는 의미가 담겨 있다.

그럼, 알레르기 구조를 화분증과 기관지 천식 등의 질환을 통해 자세히 살펴보자.

'에취' 하시는 분, 손수건 갖고 빨랑빨랑 앞으로 나오도록. 눈물 콧물 없이는 절대 볼 수 없는 드라마. 그럼, 시작!

면역반응의 사령관에는 1형과 2형이 있다

scene / **6.1**

1형과 2형

우리가 숨쉬는 공기 속에는 먼지, 진드기, 바이러스가 퐁퐁 날아다닌다. 만약 먼지와 함께 진드기가 우리 몸에 침입했다면? 진드기는 나의 입장에서 보면 이물이니까, 매크로파지나 B세포가 당장 체포해서 질근질근 씹어 조각으로 만들어버린다. 그리고 진드기의 조각을 헬퍼T세포에게 제시하면 헬퍼T세포가 매크로파지나 B세포에게 '이물을 없애버려'라는 신호로 활성화 분자(사이토카인)를 방출해 자극을 한다. 여기까지가 지난 시간의 줄거리이다.

그런데 헬퍼T세포에게는 비밀이 있다. 바로 면역반응의 사령관인 헬퍼T세포는 하나가 아니라는 사실이다. 헬퍼T세포에는 적어도 2종류가 있다고 한다.

하나는 매크로파지와 킬러T세포에게 힘을 북돋워주거나 B세포가 IgG형의 항체를 발사하도록 유도하는 1형 헬퍼T세포(Th1)이고 또 하나는 B세포에게 IgE형의 항체를 내보내도록 유도하는 2형 헬퍼T세포(Th2)다.

IgG와 IgE

먼저 'Ig'라는 단어의 의미부터 알아보자.

'Ig'란 항체의 별명인 '면역글로불린(immunoglobulin)'을 줄인 말이다.

앞에서 열심히 관람한 사람이라면, 항체는 Y자형 모양의 단백질이라는 걸 쉽게 기억할 것이다. 그런데 항원과 결합하지 않은 항체의 꼬리 부분(Fc부분)을 그 모양에 따라 IgG형, IgA형, IgM형, IgD형, IgE형 등 5가지로 나눌 수 있다.

이 가운데 IgE형은 기관지 천식이나 화분증 등, I형 알레르기를 유발시키는 항체다. 알레르기는 I형~IV형까지 알려져 있는데, 우선 화분증같이 우리 주위에서 흔히 볼 수 있는 I형 알레르기부터 소개하겠다.

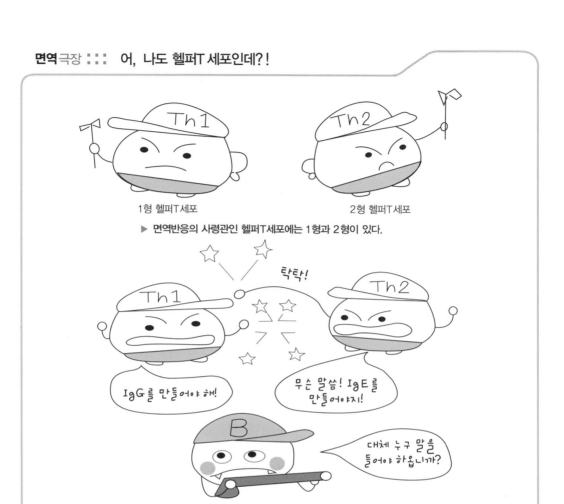

1형 헬퍼T세포

2형 헬퍼T세포

▶ 면역반응의 사령관인 헬퍼T세포에는 1형과 2형이 있다.

탁탁!

IgG를 만들어야 해!

무슨 말씀! IgE를 만들어야지!

대체 누구 말을 들어야 하옵니까?

▶ B세포에게 어떤 항체를 만들도록 명령을 내릴 것인지 Th1과 Th2는 피 튀기는 접전을 벌인다.

● 항체의 반별 편성

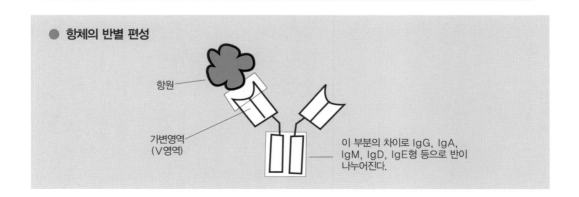

항원

가변영역
(V영역)

이 부분의 차이로 IgG, IgA, IgM, IgD, IgE형 등으로 반이 나누어진다.

Th1과 Th2의 미묘한 세력 다툼

scene **6.2**

사이토카인 : 세포와 세포 사이의 정보전달물질로, 세포가 방출해 세포의 활동을 자극하는 분자(34페이지).

그럼 2종류의 헬퍼T세포를 좀더 자세히 알아보자.

Th1과 Th2는 각각 다른 사이토카인을 방출해, B세포가 다른 형태의 항체를 발사하도록 유도한다. 예를 들면 Th1은 인터페론 감마라는 사이토카인을 방출해 B세포가 IgG형의 항체를 발사하도록 유도하고, Th2는 인터루킨 4라는 사이토카인을 방출해 B세포가 IgE형의 항체를 발사하도록 조종한다.

그런데 Th1과 Th2는 서로 앙숙이라서 상대방이 잘되는 걸 가만히 보고 있지 못한다. 그래서 Th2 세포가 내놓는 인터루킨 10이라는 사이토카인은 Th1의 활동을 방해하고, Th1이 내놓는 인터페론 감마는 Th2의 활동을 방해한다.

이런 Th1과 Th2의 미묘한 세력 다툼에서 Th2가 승리하게 되면, B세포는 IgE형의 항체를 우선적으로 발사하게 된다. 이 IgE형 항체야말로 화분증 등의 Ⅰ형 알레르기를 야기하는 데 일등공신이다.

꽃가루를 보기만 해도 '에취' 하시는 분, 왜 그렇게 재채기를 하는지 대강은 알았을 것이다. 그럼, Ⅰ형 알레르기에 좀더 자세히 들여다보자.

아이고, 싸우지 말고 좀 친하게 지내면 얼마나 좋아~~

햐, 좋다!

차

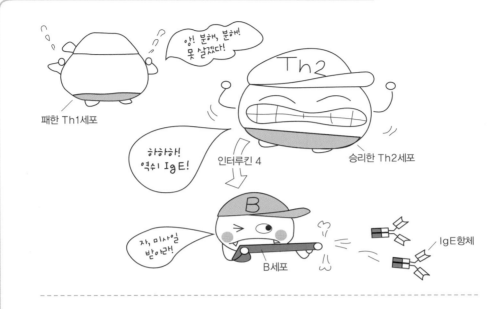

● **Th1과 Th2는 서로 잡아먹으려 으르렁거린다.**

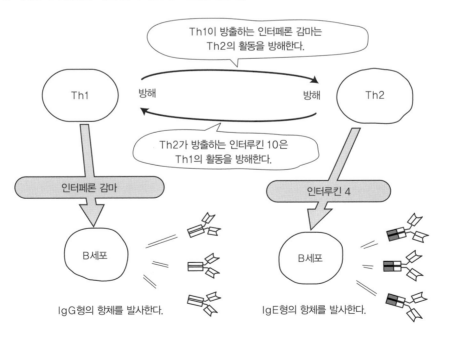

IgE가 Ⅰ형 알레르기의 방아쇠

scene / **6.3**

비만세포가 IgE를 만났을 때

앞에서는 B세포가 항체를 발사해 이물을 제거하는 순간 공연을 멈췄는데, 실은 면역의 대하드라마는 거기서 막을 내리지 않는다. 어쩌면 거기서부터 새롭게 시작되는지도 모른다.

자, 그럼 미사일 발사 순간부터 좀더 자세히 살펴보자.

2형 헬퍼T세포의 명령을 받고서 발사된 IgE는 '비만세포(mast cell)'[1]라는 세포와 맞선을 보게 된다. 비만세포는 피부나 기도점막, 장관(腸管)점막 바로 아래 분포하는데 세포 안에는 비교적 입자가 굵은 과립이 들어 있다. 그리고 그 과립 안에 '히스타민(histamine)'이나 '세로토닌(serotonin)'이라는 비밀의 무기, 즉 화학전달물질을 숨겨놓았다. 피부나 기도점막, 그리고 장관점막이라고 하면 우리 몸이 외부와 접하는 부분으로, 비만세포는 바로 그런 장소에서 우리 몸을 지켜주는 지킴이 역할을 톡톡히 해낸다.

IgE가 포크 대신

IgE와 손잡은 비만세포는 또다시 같은 항원이 침입하면 IgE를 포크처럼 휘둘러 항원을 '푹' 찍어 체포한다[2]. 그리고 항원체포 뒤에는 비밀무기인 화학전달물질[3]을 방출한다. 그렇다면 비만세포가 방출하는 화학전달물질은 어떤 결과를 초래할까?

1. 비만세포라는 이름은 만성염증이 있어 뚱뚱해진 조직 속에 많이 존재하기 때문에 붙여졌다.

2. 비만세포는 IgE 가운데 항원과 결합하지 않는 부분(Fc부분)과 손을 잡는데, 비만세포가 IgE의 Fc부분을 잡는 손을 Fcε 수용체라고 한다. 'ε(입실론)'이란 E에 해당하는 그리스 문자로 IgE의 E에 그 기원을 두고 있다. 항원이 다시 침입했을 때 IgE끼리 서로 가까워져 결과적으로 Fcε수용체가 서로 친구가 된다. 이것이 비만세포를 자극해 화학전달물질이 방출되는데, 이처럼 항원이 원인이 되어 Fcε수용체가 서로 친해지는 현상을 '항원에 의한 가교'라고 부른다.

3. 넓은 의미에서 화학전달물질이란 호르몬이나 사이토카인과 같이 세포가 방출해 세포를 활성화시키는 물질의 총칭이다. 좁은 의미에서는 비만세포가 방출하는 것을 말한다.

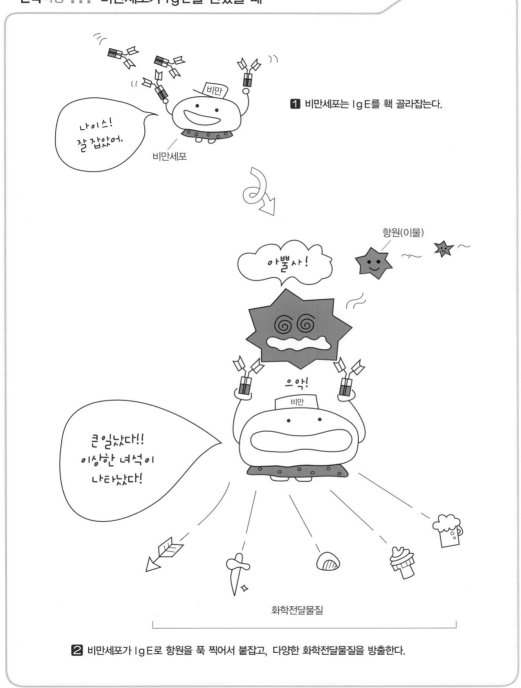

1 비만세포는 IgE를 핵 골라잡는다.

2 비만세포가 IgE로 항원을 푹 찍어서 붙잡고, 다양한 화학전달물질을 방출한다.

비만세포가 내뿜는 화학전달물질의 정체

scene 6.4

자, 그럼 비만세포가 내뿜는 화학전달물질의 정체를 화분증과 기관지 천식 등의 질병과 연관지어 좀더 밀착하여 추적해보도록 하자.

화분증은 코나 눈의 점막에서 발생하는 Ⅰ형 알레르기

비만세포가 뿌려대는 화학전달물질의 대표주자는 히스타민이다. 혹시 꽃가루가 흩날릴 즈음, '히스타민을 확!' 하는 눈약이나 비염 치료제 광고를 본 적은 없는가? 히스타민은 세포 표면의 열쇠구멍 같은 부분(히스타민수용체)에 찰싹 들러붙는다. 그러면 세포는 다양한 반응을 보이며 이물을 제거하고자 하는데, 이것이 염증 상태(화분증의 경우는 재채기나 눈의 가려움증)이다. 그밖에도 히스타민은 발진이나 호흡곤란의 원인이 되기도 한다.

그럼 '재채기·콧물·코막힘'으로 대표되는 코 알레르기에 대해 좀더 후벼파보자.

가령 꽃가루에 맞서 IgE가 생성되었다면, 코 점막 아래의 비만세포가 IgE를 체포한다. 그리고 다시 꽃가루가 침입했을 때 IgE로 푹 찍어 붙잡고 화학전달물질을 방출하는 것이다. 이때 화학전달물질이 신경을 자극하면 바로 재채기나 콧물이 앞을 가리게 된다. 또 화학전달물질로 인해 모세혈관의 투과성(透過性)이 팽창해지면 단백질이나 세포가 혈관 밖으로 스며나와서 코 점막이 띵띵 부어오른다. 그러면 바로 코가 막히게 된다.

화분증에 효과가 있다는 안약이나 비염 치료제에는 이 히스타민의 작용을 억제하는 항(抗)히스타민제가 들어 있다. 항히스타민제는 혈관이나 신경세포에 있는 히스타민이 결합하는 부분에 먼저 잽싸게 자리를 잡고 자신이 결합함으로써,

히스타민의 결합을 방해한다. 그러니 히스타민이 비만세포에서 분비된다 하더라도 알레르기 반응이 주춤하는 것이다. 그렇지만 항히스타민제만으로는 알레르기 반응을 완벽하게 차단하지는 못한다. 그 이유는 알레르기 반응을 야기하는 화학 전달물질이 히스타민만은 아니기 때문이다.

)))) 여기서 잠깐!

●● **위장약과 히스타민**

오늘날 국민병이 되어 많은 사람들을 괴롭히는 화분증과 위궤양. 전혀 다른 질병처럼 보이지만, 실은 둘다 히스타민과 깊은 연관이 있다.

히스타민이 다양한 세포 표면의 수용체와 결합해 알레르기 반응을 일으킨다는 사실을 살펴보았는데, 이들 세포에 공통되는 히스타민수용체는 H1수용체라고 밝혀져 있다.

한편 히스타민을 받아들여 위산을 방출하는 세포(위벽세포)의 히스타민수용체는 H2수용체다. 위산이 너무 많이 나오면 위 점막에 구멍이 나 위궤양에 걸리고 만다.

화분증에서 '히스타민 작용을 확' 잡는 약(H1 브로커)은 히스타민이 H1수용체와 결합하는 것을 방해하고, 위궤양에서 '히스타민 작용을 확' 잡는 약(H2 브로커)은 히스타민이 H2수용체와 결합하는 것을 저지한다.

아하, 그렇구나!
위궤양이나 화분증이나 같은
물질 때문에 생기는구나!

기관지 천식

이번에는 기관지 천식으로 고생하시는 분들, 좀더 집중해야 한다.

먼저 비만세포에서 방출된 히스타민은 기관지를 링 모양으로 감싸는 평활근(平滑筋)이라는 근육에 작용해 바짝 수축을 시킨다. 그러면 자연히 기관지가 좁아진다. 천식발작으로 헥헥거리며 숨을 몰아쉬는 이유가 바로 이 때문이다.

그리고 히스타민은 기관지의 점액분비세포에 나쁜 공작을 펴 담(점액)을 과잉으로 분비시키기 때문에 호흡이 100미터 달리기를 한 것처럼 가빠진다.

또 히스타민의 작용을 받으면 모세혈관에서 백혈구와 단백질이 새어나오기가 쉽다. 이를 좀 어려운 말로 '혈관투과성 항진작용'이라고 하는데, 그렇게 되면 점막이 빨갛게 부어오른다.

비만세포에서 방출되는 화학전달물질에는 히스타민 외에도, 류코트리엔(leukotriene) C4와 류코트리엔 B4 등이 있다. 류코트리엔 C4는 히스타민과 마찬가지로 기관지 평활근을 수축시키고, 류코트리엔 B4는 호중구와 호산구라는 백혈구를 불러 깨우기도 한다. 호중구와 호산구는 염증성 백혈구라고 불리는데 염증을 만성화시켜 주위 세포에 상처를 준다.

또 비만세포는 말년에 인터루킨 4라는 사이토카인(사이토카인도 넓은 의미에서는 화학전달물질)을 방출해 2형 헬퍼T세포(Th2)를 한층 더 활성화시켜 염증 상태를 유지하려고 한다.

기억하는가? 2형 헬퍼T세포(Th2)는 B세포에게 IgE 항체를 만들게 한다. 그것들이 가열차게 화학물질을 방출해 면역전쟁은 장기전으로 돌입하게 되고 주위 세포들에게까지 피해를 주고 만다.

역병을 면하기 위한 면역, 그 면역이 오히려 사람 잡는 귀신으로 돌변하는 것이 바로 알레르기다.

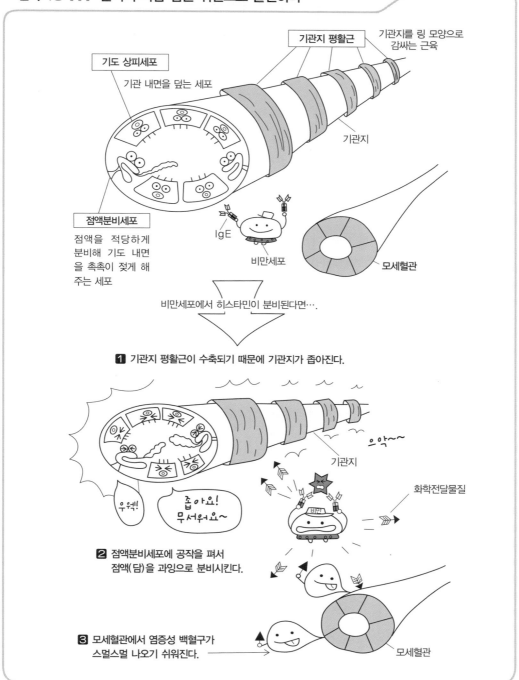

기관지 평활근

기관지를 링 모양으로
감싸는 근육

기도 상피세포

기관 내면을 덮는 세포

기관지

점액분비세포

점액을 적당하게
분비해 기도 내면
을 촉촉이 젖게 해
주는 세포

IgE

비만세포

모세혈관

비만세포에서 히스타민이 분비된다면….

1 기관지 평활근이 수축되기 때문에 기관지가 좁아진다.

기관지

으악~~

우엑!

좁아요!
무서워요~

화학전달물질

2 점액분비세포에 공작을 펴서
점액(담)을 과잉으로 분비시킨다.

3 모세혈관에서 염증성 백혈구가
스멀스멀 나오기 쉬워진다.

모세혈관

107

알레르기에 걸리는 사람, 걸리지 않는 사람

scene **6.5**

지금까지 Ⅰ형 알레르기의 구조를 살펴보았다. '난 알레르기 체질이야'라는 말이 있듯이, 고마운 면역반응이 왜 어떤 이에게는 원수로 돌변해 못살게 구는 것일까? 도대체 왜?

첫 번째 이유는 면역반응에 브레이크를 거는 서프레서T세포의 활동부진을 들 수 있다. 사람에 따라서 유독 이 서프레서T세포의 힘이 약한 이가 있다.

이미 잘 알고 있겠지만, 서프레서T세포는 흥분한 헬퍼T세포의 활동을 억제하는 세포이다(86페이지). 서프레서T세포가 제 구실을 다하지 못하면, 흥분한 2형 헬퍼T세포를 컨트롤할 수 없게 된다.

물론 서프레서T세포와 2형 헬퍼T세포 간의 힘의 불균형, 혹은 98~99페이지에서 관람한 대로 1형 헬퍼T세포와 2형 헬퍼T세포의 불협화음만이 알레르기 원인의 전부는 아니다. 하지만 세포와 세포 간의 불협화음이 병을 유발한다는 것은 틀림없는 사실이다.

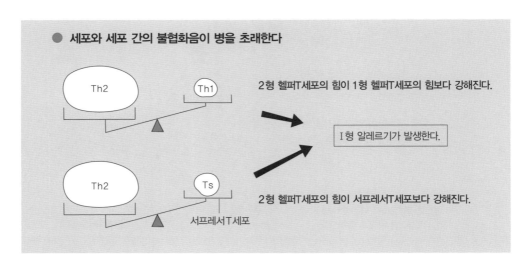

● **세포와 세포 간의 불협화음이 병을 초래한다**

Th2　　Th1

2형 헬퍼T세포의 힘이 1형 헬퍼T세포의 힘보다 강해진다.

Ⅰ형 알레르기가 발생한다.

Th2　　Ts

서프레서T세포

2형 헬퍼T세포의 힘이 서프레서T세포보다 강해진다.

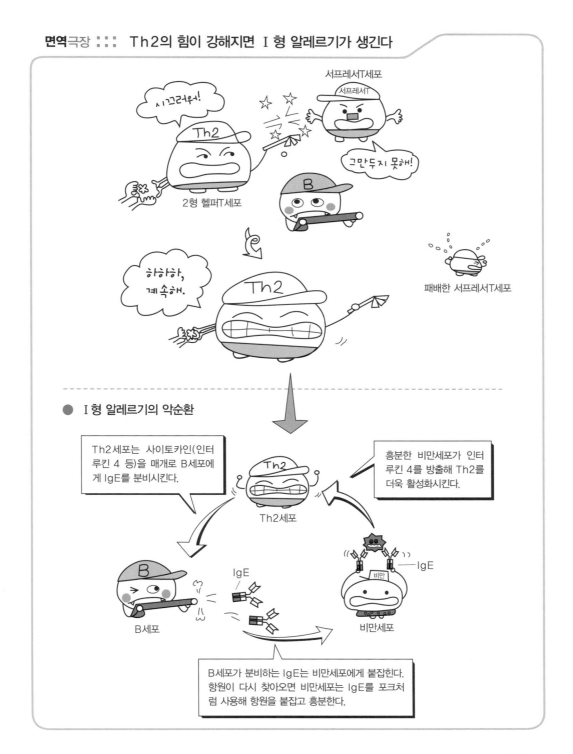

Ⅰ형 알레르기의 또 다른 얼굴

scene **6.6**

피부에서 Ⅰ형 알레르기가 발생한다면 어떻게 될까?

피부의 비만세포가 방출하는 화학전달물질에 따라 피부 모세혈관의 투과성이 강해지면 피부가 빨갛게 되거나 부어오른다. 또 화학전달물질이 피부신경을 자극하면 근질근질 가려워지기 시작하는데, 이것이 바로 공포의 두드러기다!

장에서도 Ⅰ형 알레르기가 발생하는 경우가 있다. 어떤 음식물 성분에 대해 IgE가 만들어져 장 점막의 비만세포가 화학전달물질을 방출하면 장 주위를 둘러싼 평활근이 수축한다. 그러면 설사나 배가 아파서 발을 동동 구르게 된다. 이것이 바로 여러분도 다 아는 음식 알레르기다.

Ⅰ형 알레르기 가운데서도 가장 무시무시한 것은 온몸의 혈관에서 Ⅰ형 알레르기가 생기는 경우다. 이 경우에는 화학전달물질에 따라 온몸에 있는 모세혈관의 투과성이 하늘로 치솟아, 체액이 혈관 밖으로 삐죽삐죽 새어나오기 때문에 혈압이 떨어지고 만다. 혈압이 급격하게 떨어지는 증상을 쇼크라고 하는데, 전신의 혈관에서 Ⅰ형 알레르기가 발생해 생기는 쇼크를 '아나필락시 쇼크(anaphylaxis shock)'라고 한다.

아나필락시 쇼크는 지금부터 100여 년 전인 1902년에 발견되었다. 그리고 1906년에는 알레르기라는 단어가 처음으로 생겼다. 하지만 그로부터 100년이 넘은 지금도 알레르기의 근본원인이 무엇인지, 왜 해마다 화분증 환자가 늘어나는지에 대한 명쾌한 해답은 나오지 않은 상태다.

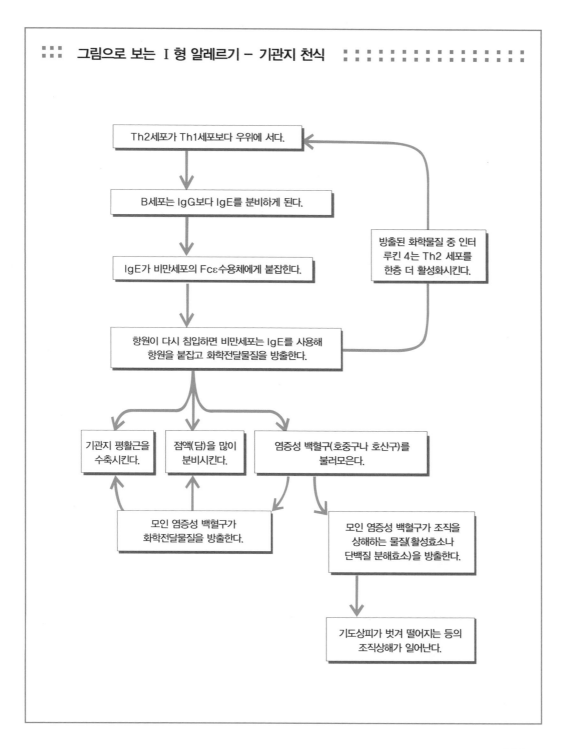

Th2세포가 Th1세포보다 우위에 서다.

B세포는 IgG보다 IgE를 분비하게 된다.

IgE가 비만세포의 Fcε수용체에게 붙잡힌다.

방출된 화학물질 중 인터루킨 4는 Th2 세포를 한층 더 활성화시킨다.

항원이 다시 침입하면 비만세포는 IgE를 사용해 항원을 붙잡고 화학전달물질을 방출한다.

기관지 평활근을 수축시킨다.

점액(담)을 많이 분비시킨다.

염증성 백혈구(호중구나 호산구)를 불러모은다.

모인 염증성 백혈구가 화학전달물질을 방출한다.

모인 염증성 백혈구가 조직을 상해하는 물질(활성효소나 단백질 분해효소)을 방출한다.

기도상피가 벗겨 떨어지는 등의 조직상해가 일어난다.

사이토카인인 인터페론 감마, 화학전달물질인 히스타민 등 빗발치는 외래어 때문에 머리가 지끈지끈 아프시다구요? 여기에서는 총사령관인 헬퍼T세포와의 인터뷰를 통해 골치 아픈 외래어를 말끔히 정리해보는 시간을 갖도록 하겠습니다.

총사령관의 대기실
1형 헬퍼T세포

문 앞에 '방해하지 마시오. 혼자 있고 싶소!' 라는 안내문이 적혀 있음.

똑똑!

아, 누구야? 혼자 있고 싶다고 했잖아. 글자도 읽을 줄 모르나!

뭐라고, B세포가 나에게 전해달라는 메시지가 있다구? 2형 헬퍼T세포에게 졌다고 너무 의기소침해하지 말라구…….

나참, B세포가 날 그렇게 생각해줄 거라면 진작에 내 말 좀 잘 듣지.

걱정하지 마. 앞에서는 내 실력을 제대로 발휘하지 못했지만, 이대로 물러설 1형이 아니지. 달리 1형이겠어. 길고 짧은 건 끝까지 대봐야 안다구. 난 그렇게 믿어.

어, 뭐라구? 내가 낳는 인터루킨의 이름을 다시 한 번 가르쳐달라구?

으음, 기억에 쏙 남을 만한 암기법이 있긴 한데 그 암기법을 가르쳐주려면, 1형과 2형 헬퍼T세포의 출생의 비밀을 발설해야 돼. 미안하네, 2형 대기실로 찾아가보게.

아, 어서 오시오. 어, 승리의 축하 꽃다발은? 뭐라구? 인터루킨의 암기비법을 가르쳐달라구? 1형과 2형의 출생의 비밀?

뭐 까짓것, 기분도 좋은데 내 가르쳐드리리다.

헬퍼T세포가 1형이냐 2형이냐 아직 그 신분이 정해지지 않았을 때 인터루킨 12의 작용을 받으면 1형, 인터루킨 4의 작용을 받으면 2형이 된다 이 말이지.

그래서 잘 들어보게.

인터루킨 12는 1형 헬퍼T세포(Th1)의 길을 가도록 정해주고 인터페론 감마와 인터루킨 2를 방출시키니까, '12살 어린 나이에 중학교 1학년에 올라갔는데, 감투를 썼네 그려!'

인터루킨 4는 2형 헬퍼T세포(Th2)의 길을 가도록 정해주고 인터루킨 13, 10, 4, 5, 6을 방출시키니까, '주사이(위) 숫자가 13, 열, 사, 오, 육이라구? 거참 이상한 주사위도 다 봤네 그려!'

어허, 왜 벌써 가려구? 내 암기법이 너무 썰렁했나?

)))) **여기서 잠깐!**

●● **T세포와 사이토카인**

사이토카인은 세포가 방출해서 세포에게 공작을 펴는 물질로 다양한 종류가 있다. 예를 들면 1형 헬퍼T세포(Th1)가 방출하는 인터페론 감마는 매크로파지를 활성화시키거나 B세포가 IgG형의 항체를 발사하도록 유도한다. 또 Th1이 방출하는 인터루킨 2는 킬러T세포에게 힘을 주거나, 지나친 면역반응에 브레이크를 건다.

한편 2형 헬퍼T세포(Th2)가 방출하는 인터루킨 4, 5, 6, 10, 13은 주로 B세포에게 항체 생산을 촉구한다. 그 중에서 인터루킨 4는 B세포가 IgE형의 항체를 만들도록 유도한다.

113

기타 알레르기

scene / **6.7**

알레르기란 본래 인체에 무해한 것에 대항해 면역반응이 과잉으로 생기는 병적 상태로, 그 배후에는 세포와 세포 간의 불균형이라는 문제가 도사리고 있다. 그리고 화분증은 IgE형의 항체를 매개로 발생하는 I형 알레르기로, 가장 흔한 형태다.

이것말고도 IgG형 항체를 매개로 발생하는 알레르기(II형 알레르기, III형 알레르기)와 항체를 매개로 하지 않는 알레르기(IV형 알레르기)가 있다. 그럼 알레르기 박사가 되어보자.

II형 알레르기

I형 알레르기는 IgE형 항체를 매개로 발생하는 과잉 면역반응이었는데, II형 알레르기는 IgG형 항체가 세포 표면에 있는 분자나 세포와 세포 사이에 고정되어 있는 분자를 공격하는 질환을 말한다.

혹시 항체가 항원과 결합하면 어떻게 되는지 기억나는가? 항체가 항원에 결합하면 항원을 잡아먹는 매크로파지 입장에서 먹기가 한결 수월해지고(옵소닌화), 보체라는 단백질군이 활성화된다(62~63페이지). 활성화된 보체 가운데는 C3b와 같이 항원에 양념을 쳐서 매크로파지가 더 맛있게 먹을 수 있도록 도와주는 것도 있고, C5a와 같이 염증성 백혈구를 불러모으는 것도 있다. 또 C9 복합체와 같이 항원에 구멍을 내는 것도 있었다.

이런 반응이 가령 적혈구의 표면 단백질에 쏠려 적혈구가 파괴되는 질병이 바로 '자기 면역성 용혈성 빈혈'이다. 즉 적혈구의 표면 단백질에 항체가 결합해버리면 적혈구는 C9 복합체에 의해 구멍이 나거나, 비장이라는 장기에 있는 매크로파지의 먹이가 되어버리는 것이다.

Ⅱ형 알레르기의 또 다른 예로 '중증 근무력증'이 있다. 원칙대로라면 근육세포는 신경에서 방출된 '아세틸콜린(acetylcholine)'이라는 분자를 수용체 단백으로 받아들이면 수축하게끔 되어 있는데, 중증 근무력증에 걸리면 아세틸콜린의 수용체 단백에 맞서 느닷없이 항체가 만들어져버리고 결과적으로 아세틸콜린수용체가 상처를 입기 때문에 근육의 수축작용이 제대로 일어나지 못하게 된다.

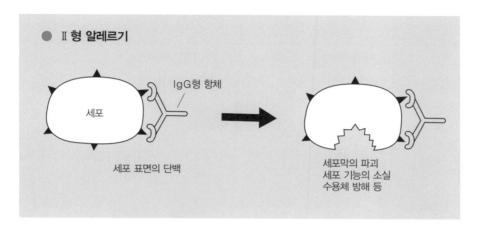

● Ⅱ형 알레르기

IgG형 항체

세포

세포 표면의 단백

세포막의 파괴
세포 기능의 소실
수용체 방해 등

Ⅲ형 알레르기

Ⅱ형 알레르기가 세포 표면의 분자나 세포 사이에 고정된 분자를 공격한다고 했는데, Ⅲ형 알레르기는 체액 속에 녹아 있는 항원(가용성 항원)을 공격한다.

즉, IgG형 항체가 가용성 항원과 결합하면 항원항체 복합체(면역 복합체)라는 덩어리가 생기고 그것이 신장이나 폐 등의 모세혈관에 들러붙으면 그 자리에 염증이 일어나게 된다. 항원항체 복합체가 들러붙은 장소에 보체나 매크로파지가 활성화되는 것이다. 활성화된 보체 중에서도 C3a와 C5a는 염증성 백혈구를 불러와 조직에 손상을 끼친다. 이와 같이 면역 복합체가 들러붙어서 생기는 염증반응을 Ⅲ형 알레르기 혹은 '아르튜스(Arthus)' 현상이라고 말한다. 🌀

🌙 **기억의 달인**

Ⅲ형 알레르기의 아르튜스 현상 – Ⅲ형 알레르기는 너무 **튜**(튀)는 스리

Ⅲ형 알레르기가 전신에서 발생하는 질환을 '혈청병(血淸病)'이라고 한다. 또 면역 복합체가 신장의 모세혈관 밖에 들러붙어 염증을 일으키면 '사구체신염(絲球體腎炎)'이 된다. '사구체'는 소변이 만들어지는 장소다. 신장의 모세혈관이 실 부스러기처럼 얽혀 있는 구조물로, 노폐물을 걸러내는 장치다. 모세혈관이 복잡하게 서로 얽히고설켜 있는 만큼 면역 복합체의 공격을 받기 쉬운 곳이다.

Ⅱ형 알레르기와 Ⅲ형 알레르기를 정리해보면 다음 표와 같다.

	Ⅱ형 알레르기	Ⅲ형 알레르기
항원	세포 표면의 분자 혹은 세포와 세포 사이의 분자	가용성 항원
항체	IgG형 항체	
상태	항체가 결합한 장소에 조직상해가 일어난다	항원항체 복합체가 들러붙은 장소에 조직상해가 일어난다
질환	자기 면역성 용혈성 빈혈 중증 근무력증	혈청병 대부분의 사구체신염

Ⅳ형 알레르기

Ⅰ형 알레르기는 IgE형 항체가 관여하는 과잉 면역응답, Ⅱ형과 Ⅲ형 알레르기는 IgG형 항체가 관여하는 과잉 면역응답이다.

그렇다면 Ⅳ형 알레르기는? Ⅳ형 알레르기는 좀 별종이라서 항체가 관여하지 않는 과잉 면역응답이다. 앞에서 B세포가 발사하는 항체가 주체가 되어 항원을 제거하는 반응을 '액성면역'이라고 부르고, 킬러T세포나 매크로파지가 주체가 되는 경우를 '세포성면역'이라고 부른다는 얘기를 했는데(43~44페이지) Ⅳ형 알레르기는 이 세포성면역이 조금 도가 지나쳐서 생기는 것이다.

예를 들면 결핵균은 항체의 공격을 피하기 위해 매크로파지 속에 쏙 숨는데,

매크로파지가 결핵균을 다 소화시키지 못하는 경우 헬퍼T세포에게 도움을 요청한다. 그래서 헬퍼T세포가 매크로파지를 자극하면 매크로파지들은 집합·해체를 반복하면서 결핵균을 완전히 소화한다. 이렇게 해서 결핵균이 완전 소화되면 불행 중 다행이지만, 적이 집요하게 살아남아서 소화를 다 시킬 수 없을 때 세포성 면역반응이 질질 끌리면서 만성적으로 지속화되고 만다.

))))) 여기서 잠깐!

●● **즉시형과 지연형**

알레르기는 '즉시형'과 '지연형'으로 나눌 수 있다.

'즉시형'은 항체가 관여해서 알레르기를 바로바로 야기하는 타입이고, '지연형'은 세포가 주체가 되기 때문에 다소 시간이 지난 뒤 반응이 나타나는 차이가 있다.

그러니까 즉시형은 바로바로형, 지연형은 굼벵이형이라고 별명을 지어줄 수 있다!

있습니다!

사구체가 뭐예요?

매일 1리터 이상 콸콸 쏟아지는 소변! 이 소변은 신장의 사구체라는 장소에서 만들어진다. 그런데 이름이 왜 사(絲)구체냐구? 그곳은 모세혈관이 실타래처럼 가느다란 혈관이 얽히고설켜 있는 구조이기 때문이다. 이 사구체에서 불필요한 배설물이 걸러져 소변이 된다.

사구체의 구조

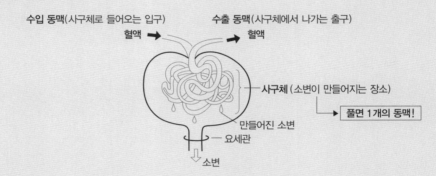

사구체신염의 예

편도선염에 걸리면 갑자기 온몸이 팅팅 붓는 경우가 있는데, 편도선염의 원인이 되는 균에 대항해 항체가 만들어졌기 때문이다. 즉, 균과 항체가 결합된 덩어리(면역 복합체)가 혈액 속을 떠돌아다니다 그것이 신장의 사구체에 들러붙어 염증이 생긴 것이다. 사구체에 염증이 생기면 소변을 제대로 걸러내지 못해 체액이 쌓이면서 몸이 붓는다. 이것이 바로 급성 사구체신염이다.

혹은 '자기(自己)'나 암세포에 대항해 만들어진 항체가 오히려 자기 성분과 결합해 면역 복합체가 되어 혈액 속을 떠돌다가 사구체에 들러붙어 염증을 유발하는 경우도 있다. 자기 성분은 없어질 수 없기 때문에 이런 염증은 만성으로 고질화되기 쉽다. 만성 사구체신염의 대부분은 자기나 암세포에 대한 과잉 면역반응의 결과로 발생한다.

118

하이라이트))))

● ● 알레르기란?

_ 꽃가루나 먼지 등, 우리 몸에 그다지 해롭지 않은 것에 대해 과잉 면역반
  응이 일어나서, 결과적으로 몸에 해를 끼치는 병적현상을 말한다.

● ● Ⅰ형 알레르기는 IgE 생산이 방아쇠가 되어 생기는 과잉 면역응답

Ⅰ형 알레르기는 아래 3단계로 정리할 수 있다.

_ 제1단계 : Th2가 Th1보다 우세하게 되어, 항원에 맞서 IgG형 항체보다
  IgE형 항체가 우선적으로 만들어지는 단계

_ 제2단계 : 비만세포가 IgE를 체포하는 단계

_ 제3단계 : 또다시 같은 항원이 침입했을 때, 비만세포가 IgE로 항원을 푹
  찍어서 붙잡아 화학전달물질을 방출하는 단계

● ● 서프레서T세포는 면역반응에 브레이크를 거는데, 이 활동이 약해지면
    알레르기 체질이 되기 쉽다.

_ 간혹 면역전쟁이 엉망진창 진흙탕이 되어버리는 이유는, 흥분한 헬퍼T세
  포의 작용을 억제함으로써 면역반응에 브레이크를 거는 서프레서T세포
  의 활동이 약한 데에서 그 원인을 찾을 수 있다.

_ 서프레서T세포와 Th2와의 힘의 관계, 혹은 Th1과 Th2의 힘의 불균형만
  이 알레르기 원인의 전부는 아니지만, 세포와 세포의 균형이 깨져버리면
  병적인 상태가 초래된다는 것은 분명한 사실이다.

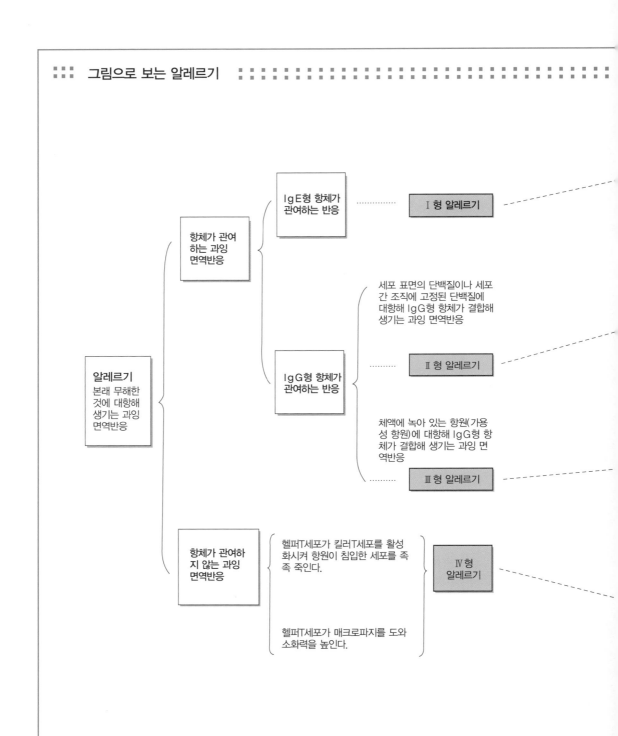

IgE형 항체가
관여하는 반응 ·············· Ⅰ형 알레르기

항체가 관여
하는 과잉
면역반응

세포 표면의 단백질이나 세포
간 조직에 고정된 단백질에
대항해 IgG형 항체가 결합해
생기는 과잉 면역반응

IgG형 항체가
관여하는 반응 ········· Ⅱ형 알레르기

알레르기
본래 무해한
것에 대항해
생기는 과잉
면역반응

체액에 녹아 있는 항원(가용
성 항원)에 대항해 IgG형 항
체가 결합해 생기는 과잉 면
역반응

········· Ⅲ형 알레르기

항체가 관여하
지 않는 과잉
면역반응

헬퍼T세포가 킬러T세포를 활성
화시켜 항원이 침입한 세포를 족
족 죽인다.

Ⅳ형
알레르기

헬퍼T세포가 매크로파지를 도와
소화력을 높인다.

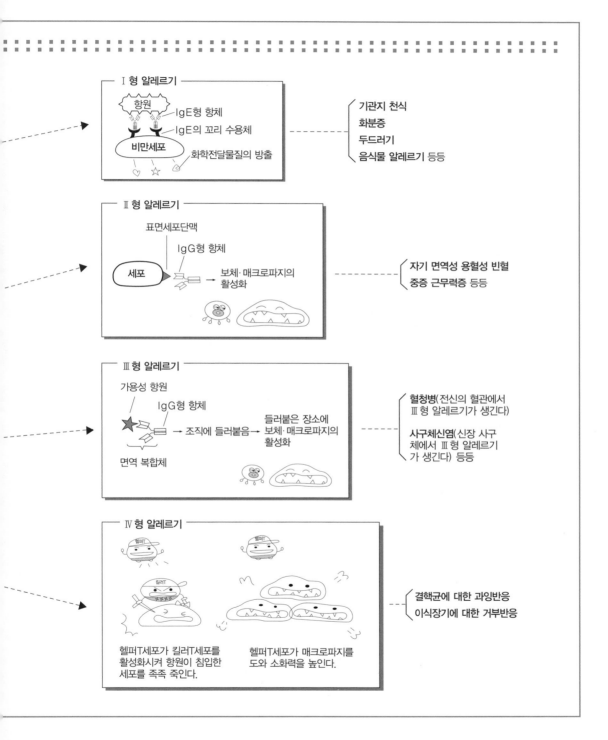

Ⅰ형 알레르기

항원
IgE형 항체
IgE의 꼬리 수용체
비만세포
화학전달물질의 방출

기관지 천식
화분증
두드러기
음식물 알레르기 등등

Ⅱ형 알레르기

표면세포단맥
IgG형 항체
세포
보체·매크로파지의 활성화

자기 면역성 용혈성 빈혈
중증 근무력증 등등

Ⅲ형 알레르기

가용성 항원
IgG형 항체
→ 조직에 들러붙음
들러붙은 장소에 보체·매크로파지의 활성화
면역 복합체

혈청병(전신의 혈관에서 Ⅲ형 알레르기가 생긴다)
사구체신염(신장 사구체에서 Ⅲ형 알레르기가 생긴다) 등등

Ⅳ형 알레르기

헬퍼
헬퍼
킬러

헬퍼T세포가 킬러T세포를 활성화시켜 항원이 침입한 세포를 족족 죽인다.

헬퍼T세포가 매크로파지를 도와 소화력을 높인다.

결핵균에 대한 과잉반응
이식장기에 대한 거부반응

121

● 비만세포 안에서는 무슨 일이 일어나고 있는 걸까?

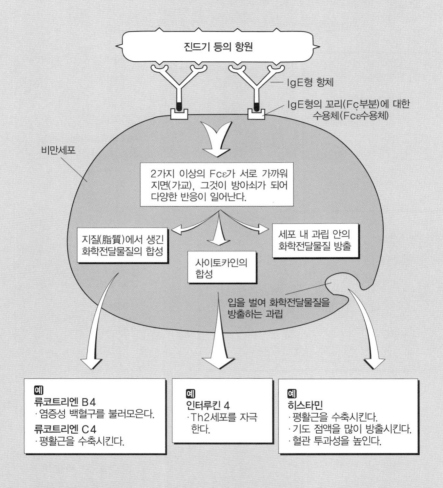

진드기 등의 항원

IgE형 항체

IgE형의 꼬리(Fc부분)에 대한
수용체(Fcε수용체)

비만세포

2가지 이상의 Fcε가 서로 가까워
지면(가교), 그것이 방아쇠가 되어
다양한 반응이 일어난다.

지질(脂質)에서 생긴
화학전달물질의 합성

사이토카인의
합성

세포 내 과립 안의
화학전달물질 방출

입을 벌여 화학전달물질을
방출하는 과립

예
류코트리엔 B4
·염증성 백혈구를 불러모은다.
류코트리엔 C4
·평활근을 수축시킨다.

예
인터루킨 4
·Th2세포를 자극
한다.

예
히스타민
·평활근을 수축시킨다.
·기도 점액을 많이 방출시킨다.
·혈관 투과성을 높인다.

● ● 왜 스트레스를 받으면 면역력이 떨어지는 걸까?

'정신적, 육체적 스트레스가 쌓이면 면역력이 떨어져서 감기에 걸리기 쉬워요.'

'스트레스는 암의 주범!'

이런 이야기를 많이 들어봤을 거다. 그런데 그 말들이 정말일까?

몸에 스트레스가 쌓이면 자율신경이 반응해서 부신(副腎)이라는 신장 위에 있는 조그마한 장기로부터 부신피질 스테로이드(steroid) 호르몬이 콸콸 방출된다. 부신피질 스테로이드 호르몬은 T세포와 B세포, 매크로파지 등 면역 담당세포의 활동을 방해하기 때문에 결과적으로 '정신적, 육체적 스트레스가 쌓이면 면역력이 떨어져서 감기에 걸리기 쉬워요'라는 얘기는 맞는 말이다.

그런데 또 이상하게도 바짝 긴장하고 있을 때(스트레스에 노출되어 있을 때)는 감기에 걸리지 않다가 막상 긴장이 풀어지면 '콜록콜록' 이불 뒤집어쓰고 누운 경험이 있지 않은가?

결국 스트레스와 면역과의 관계는 어디까지가 진실이고 어디까지가 거짓인지 아직은 아무도 모른다. 바꿔 말하면 연구의 여지가 그만큼 많다는 뜻이다.

예를 들면 얼마 전 한 연구에서 재미난 사실이 밝혀졌다. 유머를 듣고서 하하하 신나게 웃으면, 염증을 일으키는 분자(염증성 사이토카인 → 128~130페이지)의 혈액 중 농도가 떨어진다는 것이다. 그러니 '웃으면 복이 와요'라는 속담은 진실이다.

하하하 배꼽 잡고 한바탕 웃고 나면 속 시원해지는 경험, 누구나 한번쯤은 해봤을 것이다. 이렇게 직감적으로 알고 있는 사실이 의료에 큰 도움이 될 때가 많다. 그런 의미에서 우리 다같이 크게 한번 웃어보자.

웃자, 웃자, 하하하, 호호호 ♪ ♫

)))) 여기서 잠깐!

●● 어머니가 자식에게 주는 사랑의 선물

부모가 자식에게 주는 사랑의 선물은 이루 다 셀 수 없을 만큼 많다.

그 중에서도 면역학적 관점에서 부모의 뜨거운 사랑을 살펴본다면, 먼저 엄마 뱃속에 있을 때 태반을 통해 전달되는 IgG형 항체도 사랑의 선물이다. 이 IgG형 항체 덕분에 갓난아기는 태어난 뒤 6개월 동안은 다양한 병원체에 감염되지 않고 안전할 수 있다. 그러니까 6개월이 지나면서 아기는 어머니에게 선물 받은 IgG 항체가 없어져 다양한 감염증에 걸리기 쉬우니 특히 조심해야 한다.

어머니가 주시는 사랑의 면역 선물 가운데 으뜸은 뭐니뭐니해도 모유 속에 들어 있는 IgA형 항체다. IgA형 항체는 소화관 점막을 베일처럼 덮고서, 장 속의 병원미생물의 공격에서 몸을 지켜준다. 아기는 자라면서 스스로 IgA형 항체를 소화관 점막에 분비할 수 있게 되지만, 태어난 지 얼마 되지 않은 신생아의 경우에는 어머니에게 받은 IgA가 큰 힘이 된다. 그 중에서도 초유 속에 가장 많은 IgA가 들어 있다는 사실은 단순한 우연으로 치부하기엔 생명 현상이 너무 신비롭다고 생각하지 않는가?

톡톡 튀는 별종,
류머티즘))))

마디마디 쑤시고 아프고 관절의 변형까지 초래하며 치료가 쉽지 않은 질환, '류머티즘성 관절염(이하 '류머티즘'이라고 줄여서 부르자)'!

관절이 쑤시고 아프다는 얘기만 들어도 몸이 움찔한데, 거기다 관절 변형까지 진행되면 일상생활에 큰 제약을 받는다. 그러니 조금이라도 나은 치료법 개발을 위해 오늘도 연구실의 불빛은 환하기만 한데…….

'류머티즘' 하면 면역과는 전혀 무관한 질병처럼 보이지만 사실 면역이상이나 세포 간의 불협화음이 그 배후에 깔려 있다.

그런 별난 질환, 류머티즘의 새 공연을 시작하도록 하겠다.

막을 올리기 전에 잠시 류머티즘으로 고생하는 분들께 한마디!

"아무쪼록 하루라도 빨리 쾌유하시길 빕니다!"

관절이 딱딱하게 굳어지는 류머티즘

scene **7.1**

　'류머티즘'이란 관절의 활막(滑膜) 부분에 이상이 생기는 질환이다. 관절의 뼈와 뼈 사이에는 연골이라는 쿠션이 있는데 옆 페이지의 그림과 같이 그 연골과 뼈를 에워싸는 막을 활막이라고 한다. 류머티즘에 걸리면 이 활막에 만성적인 염증이 생긴다. 염증은 띵띵 붓고 열이 나며 통증 등의 증상을 유발하는데, 류머티즘에 걸린 활막도 두껍게 부어오르고 열을 내며 쑤시고 많이 아프다.

　그러다 활막세포는 마치 '종양과 같이' 증식해서 뼈와 연골 부분에까지 마수를 뻗친다. 여기에서 '종양과 같이'라고 표현했는데, 그렇다고 류머티즘의 활막이 악성종양처럼 악질이라는 뜻은 아니다. 하지만 '류머티즘은 양성종양과 같이 양질이다'라고 말하면 고통받는 환자들에게 너무 가혹한 표현일 것이다.

　그렇게 뼈와 연골을 파고 들어가던 활막은 관절을 변형시켜 급기야 딱딱하게 만들어버린다. 왜 관절이 딱딱하게 굳어지는지 그 이유는 아직 아무도 모른다. 하지만 분명한 점은 조기에 발견해서 일찍 치료를 받을수록 완치율이 높다는 사실이다.

주 :::::
얼마 전까지 'rheumatoid arthritis(RA)'라는 단어를 '만성 류머티즘성 관절염'이라고 했는데, 2002년 류머티즘 학회에서는 '류머티즘성 관절염'이라고 고쳐 부르기로 했다. 'RA'라는 단어에는 '만성(chronic)'이라는 의미가 들어 있지 않을 뿐 아니라, 항(抗)류머티즘 약을 조기에 사용하면 RA가 만성적으로 고질화되지 않는다는 사실이 밝혀졌기 때문이다.

면역극장 ::: 관절이 띵띵 붓고 딱딱하게 굳는다

연골

활막

관절낭

관절의 구조

어떤 이유인지는 정확히 모르지만 막이 두꺼워지고 물이 차기 때문에 관절이 띵띵 붓게 된다.

활막은 점점 연골과 뼈를 좀먹어간다.

급기야 관절의 변형이 오고 딱딱하게 굳어진다 (관절이 굳어지는 이유는 아직 모른다).

류머티즘에 대한 3가지 시각

scene / **7.2**

현재까지 밝혀진 연구 결과에 따르면, 류머티즘을 바라보는 시각은 3가지 정도로 요약 정리된다. 첫 번째는 내 몸의 어떤 성분을 공격해버리는 '자기면역질환', 두 번째는 염증이 좀처럼 낫질 않는 '만성염증', 마지막은 관절을 둘러싼 활막세포가 종양세포와 같이 이상증식해 주위 조직을 잠식해나가는 '종양과 같은 질환'으로서의 시각이다.

시각 1 | '자기면역질환'으로서의 류머티즘

류머티즘은 관절을 둘러싼 활막에 문제가 생기는 질환인데, 그 활막 주위를 들여다보면 매크로파지와 흡사한 활막세포가 클래스Ⅱ MHC 분자를 대량으로 방출하거나, 헬퍼T세포가 활막세포 주위에 모여 있다.

클래스Ⅱ MHC는 항원조각을 헬퍼T세포에게 제시하기 위한 분자다. 즉, 활막에서는 매크로파지와 흡사한 세포가 '자기' 성분을 자기 반응성 헬퍼T세포에게 보여주며, 서로 주거니 받거니 하는 장면을 상상할 수 있다. 그 '자기'가 무엇인지는 아직 속 시원히 밝혀지진 않았지만, 용의자로 Ⅱ형 콜라겐이라는 단백질이 1순위로 꼽힌다.

좋았어!

어떻게 이 녀석을 해치울까요?

정체 모를 자기 항원

?

헬퍼T

자기 반응성 헬퍼T세포

매크로파지 혹은 매크로파지와 흡사한 활막세포

애정어린 악수

해, 해, 해치워버려!!

헬퍼T

헬퍼T세포의 격려에 기세가 등등해진 매크로파지 혹은 매크로파지와 흡사한 활막세포

시각 2 | '만성염증'으로서의 류머티즘

류머티즘은 엄청난 통증을 유발한다. 온몸에 있는 관절의 활막이 열과 통증을 동반하며 팅팅 부어오른다. 활막이 붓는 것은 모세혈관에서 세포나 단백질이 혈관 밖으로 스며나오기 때문이다. 그리고 아픈 것은 다양한 세포들이 통증을 전달하는 분자를 방출하거나, 관절구조를 교란시키는 분자를 방출하기 때문이다. 질병의 원인은 속 시원히 밝혀지지 않았지만, 이처럼 류머티즘의 활막에서는 관절에 압박을 가하는 염증이 지속되기 때문에 어떻게 해서든 이 염증을 달래는 것이 중요하다.

염증의 과정을 살펴보면, 매크로파지와 흡사한 활막세포가 방출하는 활성화 분자, 즉 사이토카인이 깊숙이 관여하고 있음을 알 수 있다. 사이토카인은 세포에게 작용을 촉구하는 분자다. 그 가운데서도 염증을 야기하는 사이토카인을 염증성 사이토카인이라고 부르는데, 인터루킨 1, 6, 8 ⓒ이나 TNF-α[1] 등이 있다.

예를 들면 활막세포가 방출하는 인터루킨 1이나 TNF-α는 모세혈관의 혈관내피세포를 활성화시켜 접착분자를 방출하게 한다. 그러면 염증성 백혈구가 그 접착분자에 결합하기 때문에 여기저기 침입하기가 한결 수월해진다(131페이지).

한편 활막세포가 만들어내는 인터루킨 8은 염증성 백혈구를 염증장소로 불러모으는 유혹물질로 작용한다. 이렇게 해서 염증성 백혈구가 활막으로 모여드는 것이다. 게다가 인터루킨 1과 TNF-α는 활막세포 자신을 활성화시켜서 연골이나 뼈를 파괴하는 물질(MMP)[2]을 방출하도록 유도하기 때문에 관절에 심한 통증을 느끼게 된다(132페이지).

이런 염증과정을 억제시키기 위해, TNF-α나 인터루킨 6 등의 염증성 사이토카인의 활동을 억제하는 치료법이 개발되고 있다.

🌀 **기억의 달인**

**하나를 위한 여섯,
하나를 위한 여덟**

∎∎
∎∎

1. **TNF-α** : 종양괴사인자(tumor necrosis factor)-α의 약칭. TNF는 매크로파지 등에서 생산되는 사이토카인의 일종으로, 어떤 종류의 종양에서 출혈성 괴사를 유도하는 인자로 발견되었다.

2. **MMP** : 'matrix metalloproteinase'라는 물질로 줄여서 MMP라고 말한다.

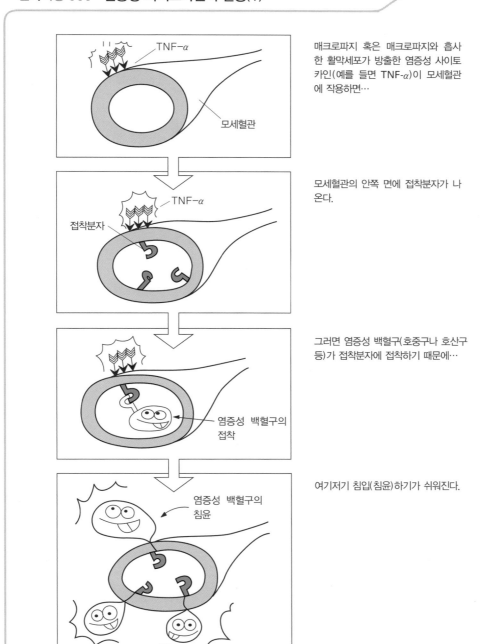

매크로파지 혹은 매크로파지와 흡사한 활막세포가 방출한 염증성 사이토카인(예를 들면 TNF-α)이 모세혈관에 작용하면…

모세혈관의 안쪽 면에 접착분자가 나온다.

그러면 염증성 백혈구(호중구나 호산구 등)가 접착분자에 접착하기 때문에…

여기저기 침입(침윤)하기가 쉬워진다.

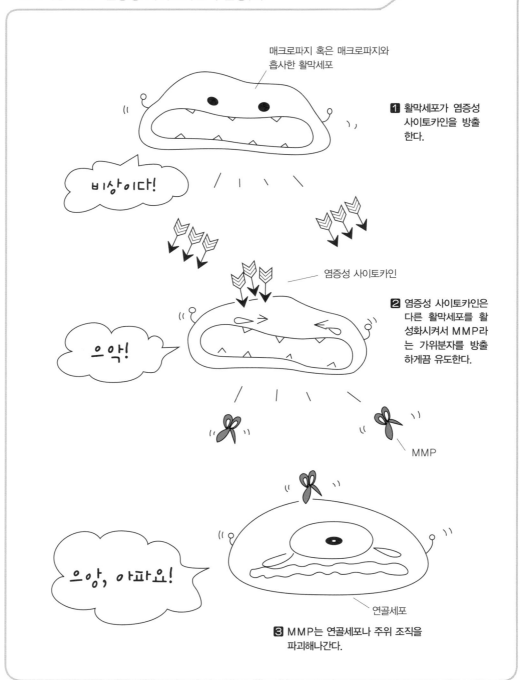

매크로파지 혹은 매크로파지와
흡사한 활막세포

1 활막세포가 염증성
사이토카인을 방출
한다.

비상이다!

염증성 사이토카인

2 염증성 사이토카인은
다른 활막세포를 활
성화시켜서 MMP라
는 가위분자를 방출
하게끔 유도한다.

으악!

MMP

으앙, 아파요!

연골세포

3 MMP는 연골세포나 주위 조직을
파괴해나간다.

시각 3 | '종양과 같은 질환'으로서의 류머티즘

류머티즘을 바라보는 또 다른 시각은 활막세포가 마치 종양세포와 같이 증식해서 주위 조직을 잠식해나간다는 것이다. 그렇다면 류머티즘은 헬퍼T세포와는 그리 깊은 관계가 없어 보인다. 즉 면역이상만으로는 활막세포의 이상증식이 설명되지 않는다는 말인데, 그 원인은 아직 밝혀진 바가 없다.

다만, 활막세포의 이상증식은 '본래 죽어야 할 세포가 죽지 않고 있기 때문이다'는 사실만이 밝혀져 있다.

면역극장 ::: **종양과 같은 질환으로서의 류머티즘**

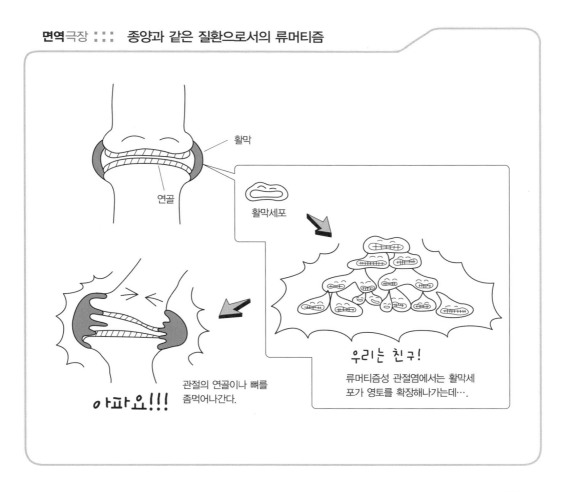

활막

연골

활막세포

아파요!!!

관절의 연골이나 뼈를 좀먹어나간다.

우리는 친구!

류머티즘성 관절염에서는 활막세포가 영토를 확장해나가는데….

아포토시스 장애로 생기는 질병

scene / **7.3**

'본래 죽어야 할 세포' 라고?!

피도 눈물도 없는 잔인한 남자라고 나를 몰아세우는 사람도 있을지 모르겠지만, 세포가 죽어야 할 장소에서 또 죽어야 할 타이밍에 죽는 것이 생명 현상에서는 아주 중요하다는 사실이 최근 연구 결과로 밝혀졌다.

예를 들면 올챙이가 개구리로 변태할 때, 꼬리가 없어지는 것은 꼬리 세포가 적절한 타이밍에서 죽기 때문이다. 우리의 손도 처음에는 둥근 덩어리 속에 손가락뼈가 만들어지는데, 손가락뼈 사이의 세포가 죽어가면서 5개의 손가락이 정상적으로 생긴다. 면역반응이 '자기'에 대항해 폭동을 일으키지 않는 것도 '자기'에게 반응할 것 같은 미숙T세포가 죽어버리기 때문이었다(74페이지).

이들 세포의 죽음은 산소결핍이나 세포 독 때문이 아니라, 세포가 내부에 갖추고 있는 단백질을 발동시켜 스스로 죽음을 택하도록 프로그램된 세포사 혹은 아포토시스(apoptosis)라고 말한다.

'사랑하기 때문에 헤어진다, 살기 위해 죽는다' 라고나 할까? 살기 위한 생명현상으로서의 세포사, 어찌 보면 모순 같은 의로운 죽음이다!

그럼 류머티즘 이야기로 다시 돌아가자. 원칙대로라면 자기 반응성 헬퍼T세포나 활막세포는 적절한 타이밍에서 죽게 마련인데 류머티즘에서는 어떤 영문인지 몰라도 자기 반응성 헬퍼T세포가 너무 오래 살아서 '자기'에 대한 면역반응이 일어나거나, 활막세포가 죽지 않고 종양과 같이 끈적끈적 증식해버린다.

프로그램된 세포사, 즉 아포토시스가 제 구실을 다하지 못하는 기능장애를 나는 '말아포토시스(mal-apoptosis)' 라 부른다. 'mal-' 은 '불량, 실조, 장애' 라는 의미이다. '아포토시스 기능장애(impaired apoptosis)' 보다 말아포토시스라고 부르는 게 더 간단하고 좋은 것 같다.

아포토시스의 기능항진과 기능장애

7.4

scene

아포토시스의 기능장애, 즉 세포가 너무 오래 살아도 류머티즘을 일으키지만, 아포토시스의 기능항진, 즉 세포가 너무 빨리 죽어도 역시 우리 몸에는 나쁜 영향을 초래한다.

예를 들면 에이즈의 경우, 면역반응의 사령관인 헬퍼T세포가 아포토시스의 기능항진을 일으켜 너무 빨리 저 세상으로 가고 만다. 또 알츠하이머병이나 파킨슨병 등 신경계 난치병들은 신경세포가 아포토시스의 기능항진으로 너무 빨리 사라져버리기 때문이다.

이와 같이 세포는 너무 오래 살아도, 그렇다고 너무 빨리 죽어도 탈나기 십상이다. 뭐든지 적당한 타이밍이 중요하듯, 세포도 생과 사의 밸런스가 중요하다.

그런 연유에서 세포의 생과 사를 적당히 균형잡을 수 있도록 유지시켜주는 치료도 한창 개발중이다.

)))) 여기서 잠깐!

●● 세포가 너무 오래 살아서 생기는 병

• 자기면역질환 – 죽어야 할 자기 반응성 T세포가 죽지 않아서 병이 생긴다.
• 류머티즘성 관절염 – 죽어야 할 자기 반응성 T세포나 활막세포가 죽지 않아서 병이 생긴다.
• 암 – 죽어야 할 암세포가 죽지 않아서 병이 생긴다.

●● 세포가 너무 빨리 죽어 생기는 병

• 에이즈 – 한창 신나게 살아가야 할 헬퍼T세포가 너무 빨리 죽어버린다.
• 알츠하이머병이나 파킨슨병 – 열심히 살아가야 할 뇌신경세포가 너무 빨리 죽어버린다.

●● 류머티즘성 관절염, 그 빙산의 일각

류머티즘성 관절염으로 고생하시는 환자분들께 처방을 내릴 때, 나는 빙산 그림을 그려서 설명하곤 한다. 먼저 아래 그림을 찬찬히 봐라. 수면 위로 드러나 있는 부분은 류머티즘 염증, 즉 관절통증이라는 겉으로 드러나는 증상이다. 이런 시각에서 처방되는 약이 비(非)스테로이드성 소염진통제이다. 비스테로이드성 소염진통제는 관절통증을 즉각 완화시켜주기는 하지만, 류머티즘을 근본적으로 치료하지는 못한다. 비스테로이드성 소염진통제는 류머티즘이라는 커다란 빙산의 수면 아래 부분에는 효과가 없는 것이다.

그렇다면 수면 아래 부분은 어떻게 치료해야 할까?

류머티즘 빙산의 수면 아래 부분, 즉 아직 정확한 진실이 밝혀지지 않은 면역이상 측면 혹은 종양과 같은 측면에 대해서는 항(抗)류머티즘 약이 처방된다. 항류머티즘 약의 경우 통증을 즉각적으로 완화시키지는 못하지만, 다행히 치료약이 잘 들면 치유와 거의 흡사한 상태(겉으로 보기에 나은 것처럼 보이는 현상)를 유지할 수 있다.

비스테로이드성 소염진통제와 항류머티즘 약 사이에 위치하는 약이 소량의 스테로이드제이다. 소량의 스테로이드는 관절통증이라는 겉으로 드러난 증상을 완화시켜주면서, 면역이상을 다소 조정해준다. 그렇지만 스테로이드제를 아무리 오래 사용해도 근본 치료로 이어지지 않는다는 점은 정말 이해가 되지 않는다.

류머티즘이 확실하게 규명된다면, 환자들의 고통을 줄이면서도 근본적인 치료로 이어질 수 있는 세련된 치료법이 개발되리라 기대해본다.

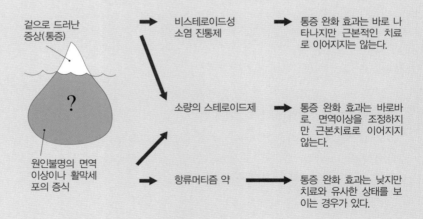

| 겉으로 드러난 증상(통증) | → | 비스테로이드성 소염 진통제 | → | 통증 완화 효과는 바로 나타나지만 근본적인 치료로 이어지지는 않는다. |

소량의 스테로이드제 → 통증 완화 효과는 바로바로, 면역이상을 조정하지만 근본치료로 이어지지 않는다.

원인불명의 면역이상이나 활막세포의 증식

항류머티즘 약 → 통증 완화 효과는 낮지만 치료와 유사한 상태를 보이는 경우가 있다.

● ● 류머티즘성 질환, 자기면역질환, 교원병의 차이는?

류머티즘성 질환, 자기면역질환 그리고 교원병…….
언뜻 보기에는 그게 그거 같지만, 조금씩 차이가 있다. 일단 용어의 의미부터 정리해보자.
류머티즘성 질환이란 관절이나 근육(이른바 '마디마디')이 아픈 질병의 총칭을 말한다.
자기면역질환이란 말 그대로 '나'에 대해 과잉면역반응을 일으킴으로써 야기되는 질환이다.
교원병은 자기면역질환과 류머티즘성 질환을 두루두루 겸비한 원인 불명의 만성질환을 뜻한다.

류머티즘성 질환이면서 자기면역질환이 아닌 것은 무엇일까?
• 변형성 관절증(가령성(加齡性) 변화)
• 통풍(요산이 관절 내에서 결정화되어 염증을 야기)
• 감염성 관절염 등등

자기면역질환이면서 류머티즘성 질환이 아닌 것은 무엇일까?
• 자기 면역성 용혈성 빈혈(적혈구에 대한 자기면역)
• 만성 갑상선염(갑상선에 대한 자기면역)
• 다발성 경화증(뇌에 대한 자기면역) 등등

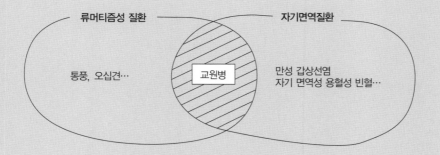

암세포는
태아 흉내를 내고 있다!))))

아주 옛날 옛적부터 전염병의 고통에서 벗어나기 위한 시스템으로 여겨져왔던 면역. 그러나 면역은 꽃가루처럼 우리 인체에 무해한 것에 머리 꽁지까지 화를 내기도 하고(알레르기), '나'를 마구 공격해버릴 때도 있다(자기면역).

이와 같이 면역은 오히려 우리에게 아픔만 안겨주기도 하는데 그 중에서도 진짜 제거해야 할 이물에 대해 전혀 힘을 쓰지 못할 때는 정말 가슴이 아프다. 그 이물은 바로 암세포다.

우리 몸에 무해한 것을 공격하고, 나아가 공격해서는 안 되는 자기 자신까지 공격해버리는 면역이 암세포 앞에서는 왜 자꾸만 작아지는 것일까?

도대체 왜?

암세포란 무엇일까?

scene 8.1

정상적인 궤도를 밟는다면, 우리 몸의 세포는 적당한 시기에 적절한 장소에서 분열증식을 하는 시스템을 갖추고 있다. 즉 늘어나야 할 세포는 늘어나고 늘어나서는 안 될 세포는 늘어나지 않는 식으로, 세포분열은 엄격하게 통제된다. 이런 훌륭한 통제력이 현재 '나'의 모습을 아름답게 유지시켜주는 것이다.

그런데 어떤 세포는 시도 때도 없이 장소 불문하고 분열과 증식을 거듭하면서 주위의 장기(臟器)를 파괴해버리는데, 이처럼 안하무인 막가파 세포를 '암세포'라고 말한다. 왜 그런 세포가 생겨나는 것일까?

세포분열의 불균형으로 탄생하는 암세포

scene 8.2

하나의 세포가 2개로 나누어져 증식하는 세포분열은 놀라운 생명 현상이다. 60조 개나 되는 우리 몸의 세포는 수정란이라는 단 하나의 세포가 2배로 분열해 완성된 것이기 때문이다.

생명 현상의 대부분은 단백질에 의해 돌아가는데, 세포분열도 다양한 단백질의 작용으로 꾸려진다. 즉 세포 속에는 세포분열에 박차를 가하는 단백질이나 세포분열에 브레이크를 거는 단백질이 있어서 이들 단백질들이 서로 균형을 유지하면서 정상적인 세포분열을 영위해나가는 것이다.

그런데 그 균형이 쨍그랑 깨져버려 세포분열에 박차를 가하는 단백질이 브레이크를 거는 단백질보다 우세해지면 세포는 이상증식으로 치닫게 된다. 이것이 바로 암의 구조이다. 그렇다면 어떨 때 세포분열의 액셀러레이터 단백질과 브레이크 단백질의 균형이 깨져버리는 것일까?

면역극장 ::: 암, 세포사회의 이단아

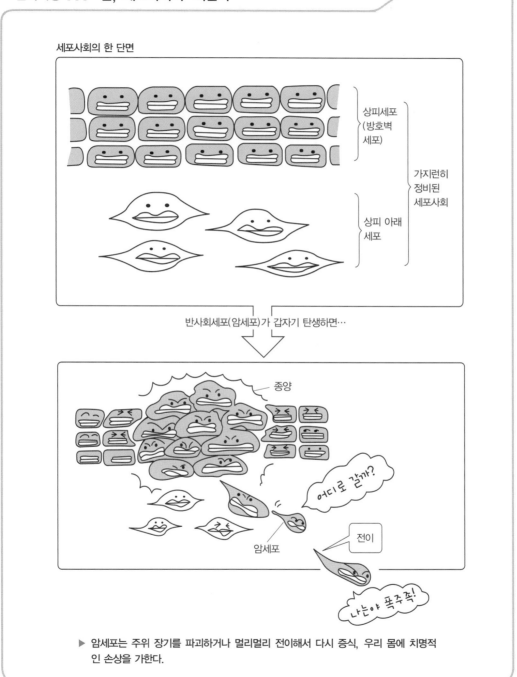

▶ 암세포는 주위 장기를 파괴하거나 멀리멀리 전이해서 다시 증식, 우리 몸에 치명적인 손상을 가한다.

왜 암세포는 외계인일까?

scene / **8.3**

여태까지 본 것과 같이 세포 속에는 세포분열에 액셀러레이터를 가하는 단백질, 그리고 브레이크를 거는 단백질이 있다.

세포분열에 액셀러레이터를 가하는 단백질을 좀 그럴싸하게 말하면 '세포분열촉진단백', 세포분열에 브레이크를 거는 단백질을 '세포분열억제단백'이라고 한다. 그리고 세포분열촉진단백의 설계도를 '암 원(原) 유전자', 세포분열억제단백의 설계도를 '암 억제 유전자'라고 말한다.

이들 유전자가 자외선이나 담배연기 등으로 상처를 입고서 비정상적으로 세포분열촉진단백을 생산하거나, 반대로 부실한 세포분열억제단백을 생산하는 경우가 있다. 이런 유전자 변화에 따라 세포분열촉진단백의 활동이 세포분열억제단백보다 우세해지면 세포는 암으로 발전하고 만다. '암 원(原) 유전자'가 변해 비정상적 세포분열촉진단백을 생산한 경우, 변화된 유전자를 '암 유전자'라고 말한다.

그런데 이런 유전자 변화의 결과 생기는 단백질은 원래 없던 물질이기 때문에 인체 입장에서 보면 이물이 된다. 즉 암세포는 몸에서 발생한 이물인 것이다.

그럼 왜 그 이물을 면역이 해치우지 않고, 보고도 못 본 척 활개치고 다니도록 내버려두는 것일까?

세포분열에 액셀러레이터를 가하는 단백질(세포분열촉진단백)

세포분열촉진단백이 이상적으로 활성화 되면 암을 유발하게 된다.

세포분열에 브레이크를 거는 단백질(세포분열억제단백)

세포분열억제단백의 힘이 약해지면 암화(化)를 억제하기 힘들어진다.

암세포는 어떻게 면역의 공격을 피할까?

scene 8.4

암세포는 원래 정상이던 세포가 변신을 거듭해, 이상한 단백질을 생산하게 된 세포이기 때문에 인체 입장에서 보면 분명 이물이다. 이물이 나타나면 킬러T세포와 매크로파지라는 면역 담당세포들이 즉각 출동해 손을 봐주는데, 암세포는 면역 담당세포의 눈을 교묘히 속이면서 혹은 그들의 활동에 방해공작을 펴면서 공격을 피해간다.

혹시 기억하는가, 아기가 엄마 뱃속에서 거부당하지 않는 구조를(88페이지)?

엄마 뱃속의 태아세포는 엄마 입장에서 보면 비자기 성분을 세포 표면에서 감추거나, 엄마 면역 담당세포의 활동을 방해하는 물질을 방출함으로써 공격을 피할 수 있다.

철면피 암세포는 바로 태아 흉내를 내 면역 담당세포의 공격을 횐횐 피해나간다. 암세포가 생산하는 이상한 단백질은 분명 이물이기 때문에 킬러T세포의 먹이가 되어야 마땅하지만, 암세포는 클래스 I MHC 분자 그 자체를 세포 표면에서 감추어버리고 또 방해물질을 방출해 공격망을 교묘히 빠져나간다.

1 킬러T세포가 암세포의 클래스ⅠMHC 분자가 달려 있는 이상 단백질을 인식한다.

2 암세포는 클래스ⅠMHC 분자 그 자체를 숨김으로써 킬러T세포의 공격을 빠져나간다.

3 암세포는 킬러T세포를 억제하는 분자를 방출, 공격을 빠져나간다.

면역으로는 암세포를 무찌를 수 없을까?

scene 8.5

암세포는 인체 입장에서는 이물임에도 불구하고 면역의 공격을 빠져나가는 교활함을 지켜보았다.

그렇다면 암세포를 면역의 힘으로 해치울 방법은 전혀 없는 것일까?

그러나 '일단 암세포 때문에 힘을 잃은 킬러T세포와 매크로파지에게 다시 한 번 활력을 불어넣어준다면 암세포를 제거할 수 있을지도 몰라' 하는 발상에서 새로운 치료법이 속속 개발되고 있다.

예를 들면 암으로 고통받는 환자의 T세포를 모아서 T세포 활성화 분자(사이토카인의 하나인 인터루킨 2)를 덧붙여 힘을 되살려준 후 환자에게 다시 주입하는 치료법이 개발되고 있다. 그리고 환자의 암세포를 일단 몸 밖으로 끄집어내서, 면역 담당세포에게 힘을 불어넣어주는 물질이 퐁퐁 나올 수 있도록 하는 방법도 개발중이다. 즉 면역 담당세포에게 활력을 주는 활성화 분자(인터루킨 2나 인터페론 감마)의 설계도(유전자)를 바로 암세포에게 주입, 암세포가 그 설계도를 읽어내 활성화 분자를 방출하게 한 후 다시 환자 몸에 넣어주면, 면역 담당세포의 힘을 소생시킬 수 있지 않을까 기대하는 것이다. 이 치료법은 면역 담당세포를 자극하는 분자의 유전자를 사용하기 때문에 면역 유전자 치료라고 일컬어진다.

물론 이들 치료법이 암 정복의 모든 열쇠를 쥐고 있는 것은 아니다. 그 이유는 암이 교묘하게 면역의 공격을 피해나가는 구조가 아직 완벽하게 밝혀지지 않았기 때문이다. 달리 표현하자면, 그 구조만 규명할 수 있다면 암 완전정복도 그리 먼 얘기는 아니라는 말이다.

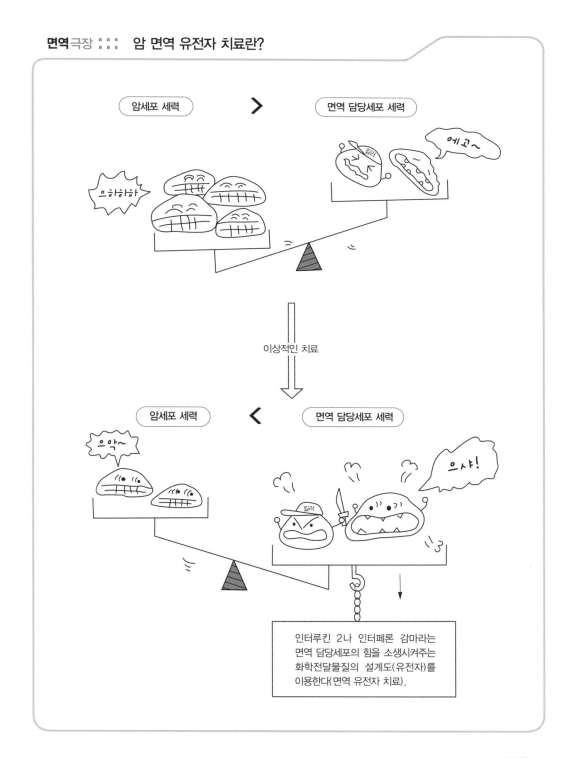

하이라이트))))

●● 정상적인 궤도를 밟는다면 우리 몸의 세포는 적당한 시기에 적절한 장소에서 분열증식이 이루어져야 하는데, 그런 조절기능에서 궤도이탈을 해 제멋대로 분열증식하여 인체에 해를 끼치는 세포가 암세포이다!

●● '암 억제 유전자'란 세포분열을 억제하는 단백질의 설계도를 말한다.

●● '암 유전자'란 '암 원(原) 유전자'가 변화된 것으로, 비정상적으로 활성화된 세포분열촉진단백을 만든다.
_ 암 원(原) 유전자나 암 억제 유전자가 자외선이나 담배연기 등으로 상처를 입고 비정상적으로 세포분열촉진단백을 생산하거나 반대로 부실한 세포분열억제단백을 생산한 결과, 세포분열촉진단백의 활동이 세포분열억제단백보다 우세하게 되면 세포는 암화(化)되어버린다.

●● 암이 면역망을 빠져나가는 구조
  ① 비자기 성분을 숨긴다   ② 면역 담당세포의 힘을 뺏는다
_ 암세포는 몸에서 생긴 이물(비자기)이다.
_ 암세포는 이물성분을 세포 표면에서 숨기거나, 면역 담당세포의 활동을 방해하는 물질을 방출함으로써 공격을 피해나간다.

))))) **여기서 잠깐!**

●● **내추럴킬러세포**

앞에서 T세포와 B세포를 합쳐 림프구라고 부른다고 했다. 이물을 인식하는 안테나를 가진 백혈구가 림프구인데, 최근 '내추럴킬러세포(natural killer cell, NK)'라는 림프구가 주목을 끌고 있다.

T세포가 T세포수용체를, B세포가 B세포수용체를 갖고 있듯이 NK세포도 NK세포수용체를 갖고 있다. 다만 T세포수용체나 B세포수용체는 상대(항원)와 특이적으로 결합하는 데 반해, NK세포수용체는 상대를 선별하지 않는다.

NK세포는 바이러스에 감염된 지 얼마 되지 않은 세포나 갓 태어난 암세포 등을 불문하고(비특이적으로) 발빠르게 공격하는 암 면역의 최전방을 담당하는 세포다. 안타깝게도 그 구조가 아직 명쾌하게 밝혀지지 않아 본문에서는 NK세포를 대대적으로 소개하지는 못했지만, 머지않아 독립된 한 장을 차지할 존재가 되리라 확신한다.

사족을 달자면 '내추럴킬러'에서 '내추럴'이라는 의미는 비특이적이고 발빠른 면역반응인 '선천성 면역반응(자연면역반응)'에 관여한다는 의미가 담겨 있다.

●● **암 유전자 치료**

'암 유전자 치료'하면 어떤 이미지가 먼저 떠오르는가?

'어, 그거 최첨단 치료법 아니에요?'하며 반기는 분들도 있을 테고 '잉? 유전자 치료라구? 유전자 조작이 신문지상을 떠들썩하게 누비고 있는데, 그것도 그런 거 아냐?!'하며 얼굴 찌푸리는 분들도 있을 것이다. 하지만 유전자를 거창하게 생각할 필요가 없듯이, 유전자 치료도 전혀 어려운 개념이 아니다.

유전자란 단백질의 설계도라고 했는데(52페이지), 설계도(유전자) 이상으로 정상 단백질을 만들지 못한다면 설계도를 보완해 정상 단백질을 만들어 암을 치료하면 어떨까? 예를 들면 암화(化)를 저지하는 단백질의 설계도(암 억제 유전자)의 이상으로 세포가 점점 암으로 발전하는 경우, 정상 암 억제 유전자를 보충해서 정상 단백질로 만들면 암 치료로 연결되지 않을까 하는 기대를 할 수 있다. 실제 'p53 유전자'라는 대표적인 암 억제 유전자가 암세포에 주입되는 방법이 몇 가지 시도되고 있다.

설계도(유전자) 이상에 따라 유해한 단백질이 생긴다면, 설계도 해독을 방해하는 것도 치료로 이어질 수 있을 것이다. 가령 세포분열을 촉진시키는 단백질 설계도(암 원 유전자)가 어떤 원인으로 상처를 입고 비정상적으로 활성이 높은 세포분열촉진단백이 생산된 경우, 그런 유해한 설계도의 해독을 방해하는 치료법도 한창 개발중이다. 요는 부족한 유전자는 보충하고, 유해한 유전자는 해독을 방해하는 방법이 암 유전자 치료의 기본원리이다.

이와 같이 유전자 치료 자체는 하나도 어려울 것이 없다. 정말 어려운 것은 '유전자 치료를 어떻게 효과적이면서도 안전하게 해나갈 것인가'라는 기술적인 측면이다.

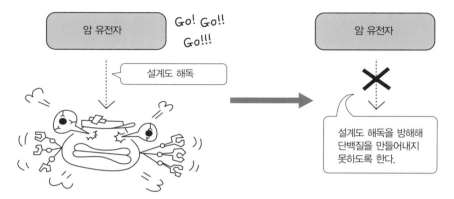

비정상적으로 활성화된 세포분열촉진단백

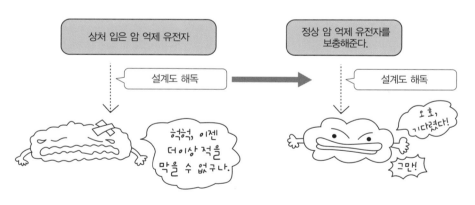

활성이 약해진 세포분열억제단백

정상 암 억제 단백이 암화(化)에 브레이크를 건다.

면역반응을 뿌리째 뒤흔드는 악랄한 바이러스))))

1980년, WHO는 전 세계 천연두 근절 선언을 발표했다. 천연두는 17~18세기에 걸쳐 서구에서 맹활약을 하며 수많은 인명을 앗아간 전염병이다. 그런 무서운 천연두도 18세기 말 제너의 업적에서 출발해, 19세기 말 파스퇴르가 개발한 백신요법으로 그 뿌리가 완전히 뽑혔다.

그렇지만 천연두 근절 선언 바로 다음해인 1981년, 축배를 든 인류를 비웃기라도 하듯 백신으로는 상대도 되지 않는 어마어마한 녀석이 세상에 처음으로 보고되었다.

바로 인류를 통째로 삼킬 것 같은 무시무시한 에이즈! 후천성면역결핍증후군(acquired immune deficiency syndrome ; AIDS)이라는 영어의 머리글자를 딴 놈이다.

에이즈는 에이즈 바이러스라는 병원미생물 때문에 생기는데, 이 병원미생물은 면역반응을 뿌리째 뒤흔들어버린다. 피도 눈물도 없는 공공의 적 에이즈, 어디 구경이나 한번 해보자.

면역반응의 사령관을 습격하는 에이즈

scene **9.1**

    면역 담당세포로는 킬러T세포와 B세포, 매크로파지 등 다양하다. 그런데 그 많고 많은 세포들 가운데 에이즈 바이러스는 유독 면역반응의 사령관인 헬퍼T세포를 표적으로 삼아 습격한다.

    흉선학교를 졸업한 헬퍼T세포에는 CD4 분자라는 꼬리표가 새겨진다는 사실, 기억나는가(76페이지)? 에이즈 바이러스는 헬퍼T세포의 꼬리표인 CD4 분자에 들러붙어서 헬퍼T세포 안에 침입해 세력 확장을 펼치고 급기야 헬퍼T세포를 살해한 뒤, 또 다른 헬퍼T세포를 목표로 여행을 떠난다.

면역극장 **: : :** **사령관을 잃고 방황하는 세포들**

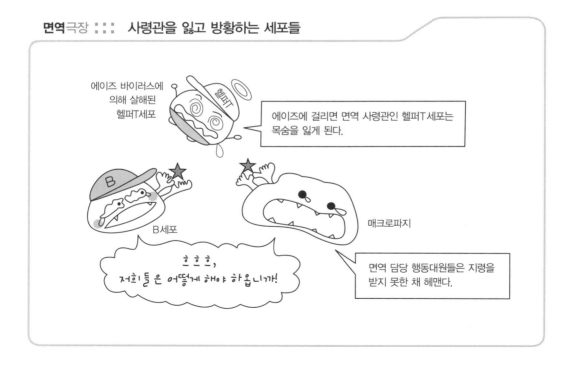

에이즈 바이러스에
의해 살해된
헬퍼T세포

에이즈에 걸리면 면역 사령관인 헬퍼T세포는
목숨을 잃게 된다.

B세포

매크로파지

ㅎㅎㅎ,
저희들은 어떻게 해야 하옵니까!

면역 담당 행동대원들은 지령을
받지 못한 채 헤맨다.

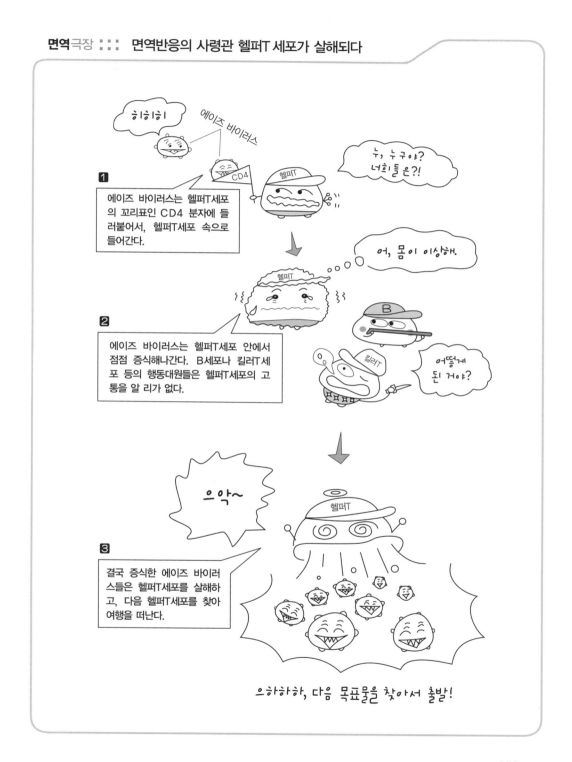

1 에이즈 바이러스는 헬퍼T세포의 꼬리표인 CD4 분자에 들러붙어서, 헬퍼T세포 속으로 들어간다.

2 에이즈 바이러스는 헬퍼T세포 안에서 점점 증식해나간다. B세포나 킬러T세포 등의 행동대원들은 헬퍼T세포의 고통을 알 리가 없다.

3 결국 증식한 에이즈 바이러스들은 헬퍼T세포를 살해하고, 다음 헬퍼T세포를 찾아 여행을 떠난다.

사령관을 잃고 완전히 깨져버린 면역의 구조

scene **9.2**

사령관을 잃은 면역 담당세포들은 그저 눈물만 흘리며 우왕좌왕할 뿐, 아무것도 하지 못한다.

만약 우리 몸에 곰팡이가 침입했다면, B세포가 곰팡이를 잡아 헬퍼T세포에게 도움을 요청할 것이다. 하지만 헬퍼T세포는 이미 저 세상으로 떠났기 때문에 도움을 줄 수 없다. 그러니 B세포가 아무런 대책도 세우지 못하고 있는 동안 곰팡이는 세력을 확장해나간다.

한편 바이러스에 감염된 세포를 제거하는 임무는 킬러T세포가 맡고 있는데, 이 킬러T세포도 헬퍼T세포의 지령이 없는 한 쿨쿨 잠만 잘 뿐이다. 그 사이 바이러스는 점점 증식을 거듭하고……. 이 때문에 에이즈가 공포의 살인마로 불리는 것이다.

다양한 면역세포 중에서도 가장 중요한 사령관인 헬퍼T세포를 겨냥한다는 점에서 에이즈 바이러스는 아주 악랄한 녀석이라고 할 수 있다. 더욱이 에이즈 바이러스는 숙주인 사람을 감염시킨 뒤에도, 바로 그 숙주를 살해하지 않는다. 바이러스는 들러붙은 숙주의 세포 안에서만 살 수 있기 때문에 숙주를 살해해버리면 자신도 증식해나갈 수 없기 때문이다. 그러니 에이즈 바이러스는 몇 년이고 숙주를 살해하지 않는 상태(무증후 상태)를 유지하면서 스멀스멀 영토확장에 전력을 다하며 그 동안 성교 등을 매개로 다른 숙주에게까지 전이된다.

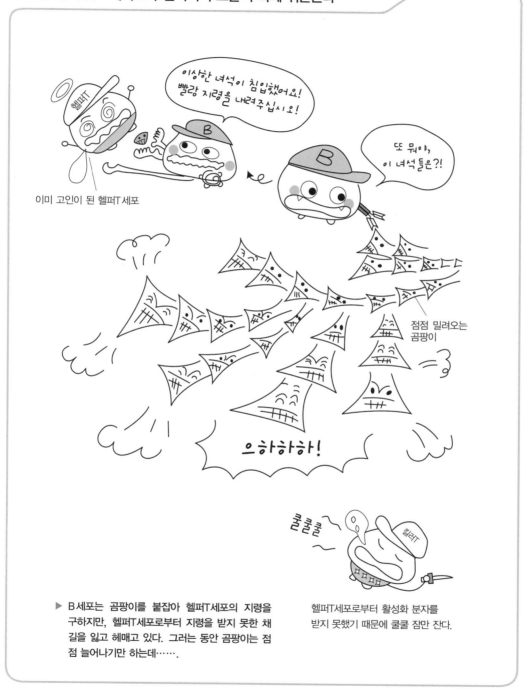

이미 고인이 된 헬퍼T세포

점점 밀려오는
곰팡이

▶ B세포는 곰팡이를 붙잡아 헬퍼T세포의 지령을
구하지만, 헬퍼T세포로부터 지령을 받지 못한 채
길을 잃고 헤매고 있다. 그러는 동안 곰팡이는 점
점 늘어나기만 하는데…….

헬퍼T세포로부터 활성화 분자를
받지 못했기 때문에 쿨쿨 잠만 잔다.

신출귀몰한 에이즈 바이러스

scene **9.3**

희대의 살인마를 체포하기 위해 백신이나 다양한 약물을 개발하고는 있지만, 아직 이렇다 할 특효약은 없다. 그도 그럴 것이 에이즈 바이러스는 자신의 단백질을 화려하게 변신·변화시킴으로써 항체와 약제에서 교묘히 빠져나가기 때문이다.

에이즈 바이러스는 단백질의 설계도인 유전자를 마술사처럼 변신시켜 단백질 모양을 바꾸는데, 그 엄청난 속도에 우리의 면역 담당세포들이나 약 개발이 도저히 따라가지 못하고 있다.

면역반응에 있어서 가장 중요한 헬퍼T세포를 타깃으로 삼고 화려한 변신으로 항체나 약제의 공격을 피해나가는 공공의 적, 에이즈 바이러스. 인류가 이 바이러스를 참수형에 처할 날은 언제쯤 찾아올까?

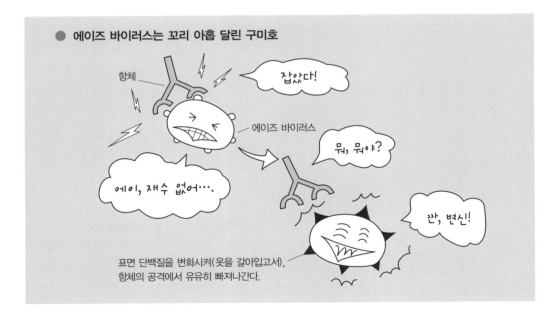

● 에이즈 바이러스는 꼬리 아홉 달린 구미호

항체

잡았다!

에이즈 바이러스

뭐, 뭐야?

에이, 재수 없어….

짠, 변신!

표면 단백질을 변화시켜(옷을 갈아입고서),
항체의 공격에서 유유히 빠져나간다.

:: 에드워드 제너의 슬픈 소망

분장실 인터뷰))))

헬퍼T세포 아, 에이즈 바이러스의 공격을 받았다! 언제쯤 이 몹쓸 녀석들을 혼내줄 특효약이 개발될까? 아, 슬프다! 어? 혹시 당신은 종두의 발견으로 유명한······.

제너의 영혼 네, 맞아요. 제너입니다.

헬퍼T세포 그런데 당신이 어떻게 여기에? 아, 맞다. 에이즈 퇴치 지혜를 인류에게 가르쳐주시러 오셨군요. 흐흐흐, 조금만 더 일찍 오시지 그러셨어요. 저는 이제 곧 당신이 계시는 저 세상으로 가야 할 것 같아요.

제너의 영혼 당신도 정말 열심히 싸웠는데······. 난 지금 너무너무 슬퍼요. 아이들을 천연두에서 구하고 싶다는 염원이 종두의 발견에서부터 200년이 지난 후에야 겨우 결실을 맺게 되었는데, 내 백신요법으로는 에이즈 바이러스와 게임도 되지 않아요. 흐흐흐!

헬퍼T세포 네, 그건 그렇지만 그래도 분명 길은 있을 겁니다. 저는 그렇게 믿어요. 에이즈 바이러스한테 이렇게 당하고만 있진 않을 거예요. 부디 하늘나라에서 인류를 지켜봐주세요. 천연두를 물리친 것처럼 분명 승리의 날이 올 테니까요.

제너의 영혼 그런데 당신은 천연두 바이러스가 정말 세상에 존재하지 않는다고 생각하나요?

헬퍼T세포 존재하지 않지요. 근절되었다고 선언도 했잖아요?

제너의 영혼 실은 미국과 러시아의 바이러스 연구소에 연구용으로 냉동보존되어 있지요. 어디까지나 유전자 해석 등의 연구 목적이긴 하지만. 그래도 바이러스 테러 등의 문제도 도사리고 있으니 폐기해야 마땅하다는 주장이 제기되고 있어요. 2002년에는 WHO에서 폐기하도록 권고조치하기도 했고. 그런데 2001년 11월 미국 정부는 생물 테러에 대비해 천연두 바이러스 보유를 지속할 것이라고 발표했어요.

헬퍼T세포 어머나, 세상에 무서워라!
자, 제너 씨. 그러지 말고 우리 이 세상을 구하려면 어떻게 해야 하는지, 다시 한 번 머리 싸매고 아이디어를 짜내요!

체액병리학설의
재발견

기억에서 멀어진 체액병리학설

'대다수 질병은 세포끼리의 불협화음, 분자끼리의 불협화음에서 생겨난다!'
이것이 제2부의 핵심주제이다.

그런데 여기에 어떤 이론이 머리에 번쩍 떠오르지 않는가? 바로 17세기까지
서구에서 뿌리 깊은 신앙처럼 믿어왔던 체액병리학설! 바로 이 체액병리학설이
간주곡의 테마이다.

체액병리학설이란 '인체는 혈액, 황담즙, 흑담즙, 점액이라는 4가지 체액으로
이루어져 있으며, 체액의 균형이 깨지면 병이 생긴다'는 사고법이다. 이 이야기
에 현대인들은 '하하하, 말도 안 돼!' 하며 웃어넘기겠지만, 몸 속의 균형이 깨지
면 덜컥 병에 걸리고 만다는 사실을 이미 우리 조상들은 알고 있었던 것이다. 그
러니 체액병리학설 입장으로 돌아간다면, '세포끼리의 균형이나 분자끼리의 균
형이 깨지면 병이 생긴다'고 새삼스레 떠벌릴 필요도 없는지 모른다.

17세기 서구 의학의 주류를 차지했던 체액병리학설. 그것은 병원미생물이라는
질병의 '실체'가 규명된 19세기 말에 일단은 역사의 뒤안길로 사라졌다. 그러다
의학이 단백질과 유전자 등 분자라는 새로운 '실체'를 상대로 하게 된 20세기 말
에는 '체액병리학설'이라는 명칭조차 까마득히 잊혀졌다. 대신 19세기 말에는
미생물학이, 20세기 말에는 분자생물학이 의학의 꽃으로 군림하게 되었다. 분명
19세기 말부터 오늘에 이르기까지 미생물학이나 분자생물학이 자연이나 질병과
관련해 많은 것들을 우리에게 가르쳐주었고, 그 덕분에 수많은 치료법이 개발되

었다. 백신 개발이나 병원미생물을 죽이는 항생물질의 개발로 얼마나 많은 인류의 생명을 구할 수 있었는지 모른다.

그러나 자연은 여전히 우리가 알지 못하는 저 아득히 먼 곳에 존재한다. 제2부에서 보았던 알레르기, 류머티즘, 암, 에이즈 등 우리는 아직 아무것도 제대로 아는 것이 없다. 그러다보니 연구에 연구를 거듭할수록 '현대 분자생물학 이론에 입각한다면 이렇게 되어야 마땅한데 왜 현실은 전혀 딴판일까?' 라는 회의에 빠지게 되고 마는 것이다.

우리는 아직 아무것도 모른다

이와 같이 현실은 모순으로 가득하다. 그런 현실의 벽에 부딪혔을 때 미생물이나 분자라는 실체를 규명해나가는 것도 물론 중요한 일이겠지만, 그와 아울러 '불균형을 바로잡는다' 는 체액병리학설의 기본정신으로 돌아가는 것 또한 중요하지 않을까?

예를 들면 '4가지 체액의 불균형으로 수많은 병이 생긴다' 는 조상의 지혜를 '매크로파지, T세포, B세포, 기타 세포의 불균형으로 병이 생긴다' 고 달리 표현할 수도 있을 것이다. 그리고 불균형을 바로잡아가는, 가령 자기면역질환 환자에게서 자기를 공격하는 T세포를 제거하는 치료법을 행하는 것은 사혈요법의 현대판이라고 말할 수 있지 않을까?

또 암 환자로부터 T세포를 떼어내, 그 T세포에 자극을 주어 환자에게 다시 주입하는 것도 균형을 찾아가는 정신에 입각한 치료법이라고 말할 수 있다.

류머티즘성 관절염과 같이 매크로파지의 오버액션으로 초래되는 질환도 몇 가지 있다. 그런 질병에 대해서는 매크로파지의 기능을 완화시키는 치료가 개발될지도 모른다.

우리의 '지식' 이 막다른 골목에 다다랐을 때, 조상들의 '지혜' 에서 배울 수 있는 점이 참으로 많은 듯하다. 아무튼 현미경도, 항생물질도 없던 시절에 조상들은 '질병이란 무엇인가' 라는 물음에 죽기 살기로 매달려 그 해답을 찾아왔으니까.

면역 담당세포의 일생으로 살펴본 생명의 신비))))

면역이란 '나'를 공격하지 않고 '내가 아닌 것'만을 공격한다고 생각했는데, 실상은 그리 단순하지 않았다. 실제 우리 몸에서는 '나'에게 반응할 것 같은 기미를 보이는 세포를 죽이거나, 꼬드기거나, 방해하거나…… 등등 멜로물, 공포물, 기타 다채로운 장르의 공연이 면역극장을 수놓았다.

때로는 꽃가루와 같이 인체에 무해한 것이나 공격해서는 안 될 '나'를 공격해버리고, 반대로 꼭 공격해야 하는 암세포에게는 은근슬쩍 농락당하는 면역 담당세포들. 그런저런 면역 담당세포들의 인생을 보면서 생명이란 무엇인지, 그 법칙·기법이 서서히 실체를 드러내기 시작했다.

면역극장의 대단원의 막을 내리면서 그 기법을 하나하나 짚어보자.

세포의 탄생과 성장, 그리고 면역

scene / **10.1**

면역 담당 사령관인 헬퍼T세포, 행동대원인 매크로파지나 B세포 그리고 킬러 T세포 — 이들 세포들은 저마다 톡톡 튀는 개성으로 면역 드라마를 연출해왔다. 그런데 그들의 조상을 거슬러 올라가보면, 공통의 아기세포가 있다. 그것은 바로 '조혈줄기세포'라는 지극히 단순하고 개성 없는 세포이다. 이 아기세포는 골수라는 곳에 있는데(72페이지), 조혈줄기세포가 분열해서 생긴 세포는 '우연히' 만난 환경의 영향을 받으면서 림프구 같은 세포(미숙림프구)나 그 이외의 세포(골수계 전구(前驅)세포)로 무럭무럭 자라난다.

미숙림프구는 장차 T세포나 B세포로 자라고 골수계 전구세포는 장차 매크로파지나 기타 면역 전사세포(호중구나 호산구 등)가 된다.

개성 없는 조혈줄기세포에서 개성만점 세포들이 탄생, 그들 세포가 상호관계를 맺음으로써 면역의 장대한 오페라가 펼쳐지는 것이다.

그러고 보면 우리 몸의 약 60조 개에 달하는 세포도 수정란이라는 개성 없는 단순세포에서 탄생한다. 수정란이 분열을 되풀이함으로써 탄생한 세포들은 심장 세포나 신경세포 등 톡톡 튀는 개성을 갖춘 세포들로 자라고, 그들이 상호관계를 맺음으로써 우리 '몸'이 완성된다.

수정란이나 조혈줄기세포라는 단순세포에서 개성 있는 세포들이 탄생하고, 그 세포들이 상호관계를 맺음으로써 인체구성이나 면역반응이라는 생명활동이 영위되는 것은 스케일이 큰 교향곡과 흡사하다. 감동적인 음악은 대부분 단순한 주제에서 시작해 다양한 특징을 갖춘 멜로디로 탄생하고, 그것이 변주 응용됨으로써 아름다운 교향곡으로 완성되는 것이니까.

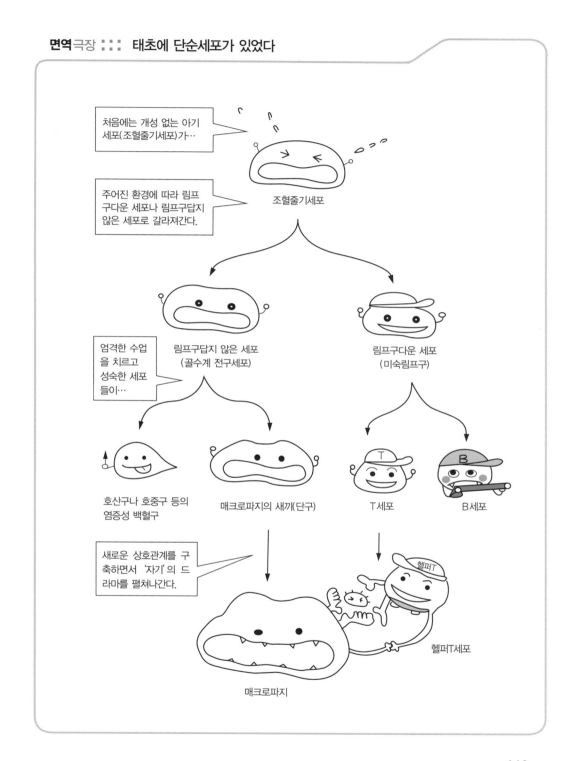

처음에는 개성 없는 아기 세포(조혈줄기세포)가…

조혈줄기세포

주어진 환경에 따라 림프구다운 세포나 림프구답지 않은 세포로 갈라져간다.

림프구답지 않은 세포
(골수계 전구세포)

림프구다운 세포
(미숙림프구)

엄격한 수업을 치르고 성숙한 세포들이…

호산구나 호중구 등의 염증성 백혈구

매크로파지의 새끼(단구)

T세포

B세포

새로운 상호관계를 구축하면서 '자기'의 드라마를 펼쳐나간다.

헬퍼T

매크로파지

헬퍼T세포

반복되는 '우연'으로 이루어지는 생명의 신비

scene **10.2**

장래에 다양한 세포들로 자라날 가능성이 기대되는 아기세포, 즉 조혈줄기세포는 우연히 만난 환경에 따라 T세포나 B세포, 혹은 매크로파지가 된다는 이야기를 했는데, 여기에서 '우연히'라는 단어에 주목해야 한다.

조혈줄기세포가 조금 자라난 림프구다운 세포, 즉 미숙림프구는 '우연히' 자애로운 '골수 스트로마세포'를 만나면 자양분 접착이나 자양분 사이토카인을 받으면서 B세포가 된다. 그런데 그들을 왜 B세포라고 부를까? 그들을 키워주는 골수가 영어로 'bone marrow'이기 때문이다.

한편 같은 미숙림프구라도 '우연히' 흉선상피세포를 만난다면, 고생길이 훤하다. 억세게 운 나쁘게도 97%는 저 세상으로 가야 하니까■. 끝까지 살아남은 세포들은 T세포로서 여행길에 오르게 된다. T세포라고 부르는 이유는 그들을 호되게 훈련시키는 지옥의 학교 '흉선'이 영어로 'thymus'이기 때문이다.

이처럼 미숙림프구가 우연히 골수 스트로마세포를 만나면 B세포가 되고, 우연히 흉선상피세포를 만나면 T세포가 되는데, '우연한' 만남이 하늘과 땅으로 운명을 갈라놓을 줄 누가 알았을까? 정말 생명의 신비여!

만남도 헤어짐도 운명의 장난인 우리네 인생과 참 흡사하다는 생각이 들지 않는가?

■■
B세포의 경우도 자기 항원에 반응하는 세포가 제거되기는 하지만, T세포만큼 수많은 세포가 희생당하지는 않는다.

면역극장 ::: 옷깃 스치는 '우연'을 소중히 여기는 생명

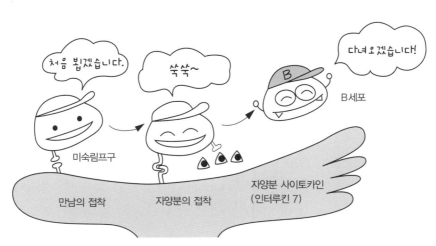

'우연히' 골수 스트로마세포를 만난 미숙림프구는 자양분 접착이나
자양분 사이토카인을 받으면서 B세포가 된다.

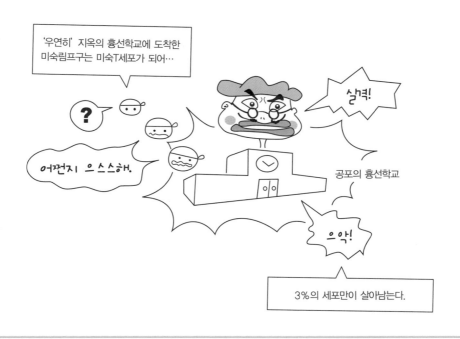

165

무수한 희생으로 얻어낸 값진 선물, 생명

scene / **10.3**

생명체를 공부하다보면 그 신비로움에 감동의 눈물을 흘리는 경우도 많지만 가끔은 '생명체, 너 너무 낭비벽이 심한 거 아냐?' 하며 놀랄 때도 있다.

예를 들면, 성인 남성은 1초 동안에 약 1000개나 되는 정자를 만들고 있다고 한다(이것도 도대체 누가 일일이 다 세어봤을까?). 얼핏 보기에는 '아, 아까워라!' 할지도 모르지만 분명 그만한 이유가 있을 것이다. 또 흉선학교에서는 면역이 '나'를 공격하지 않도록 하기 위해 애써 만든 미숙T세포 가운데 97%는 살해되고 만다(74페이지).

즉 처음에는 면역일꾼인 미숙T세포를 많이많이 만들어둔다(개화). 이때 어떤 안테나 분자(T세포수용체)를 가진 미숙T세포가 탄생할지는 전혀 예상할 수 없다. 왜냐하면 어떤 설계도(유전자)와 어떤 설계도를 연결해 T세포수용체를 만들지는 전적으로 '우연'에 좌우되기 때문이다(48페이지). 마지막에는 '나'에게 반응할 것 같은 T세포수용체를 가진 세포는 뒤도 돌아보지 않고 제거한다(정리정돈).

사실 우리의 뇌가 완성될 때에도 이와 흡사한 드라마가 펼쳐진다.

우선은 구성원인 뇌세포를 많이 만들어둔다(개화). 이때 뇌세포들은 삐죽삐죽 돌기를 세우며 서로 상호관계를 맺고자 하는데, 어떤 세포와 어떤 세포가 상호관계를 맺느냐는 전적으로 우연이 좌우한다. 그리고 능숙하게 상호관계를 맺지 못한 뇌세포는 가엾게도 퇴출당하고 만다(정리정돈).

신체적인 '나'를 결정하는 T세포와 정신적인 '나'를 결정하는 뇌세포가 같은 '개화와 정리정돈'이라는 공통기법으로 자라난다는 것은 매우 흥미진진한 일이다. 그렇다면 생명체가 이렇게 돌아서돌아서 일을 더 복잡하게 만드는 이유는 과연 무엇 때문일까?

면역극장 ::: 생명, 너 너무 낭비벽이 심한 거 아냐?!

미숙T세포

step1 개화
우선은 일꾼을 많이
많이 늘린다.

미숙뇌세포

다양한 안테나(T세포수용체)를
가진 미숙T세포

삐죽삐죽~

신경돌기라는 돌기를 내세우며 상호
관계를 맺고자 하는 미숙뇌세포들

step2 정리정돈
부적당한 일꾼들을
정리해고시킨다.

자기 성분

자기 성분을 공격할 기미를 보이는
미숙T세포는 제거된다.

상호관계를 능숙하게 맺지 못한
뇌세포도 제거된다.

성격이나 인격은 유전자가 결정한다?

scene **10.4**

유전자 복제, 유전자 조작 등 유전자라는 단어가 요즘 핫 이슈로 주목을 끌고 있다. 그와 더불어 '성격이나 인격은 유전자가 결정한다, 정말?' 하는 문제도 심심찮게 토론의 주제로 등장하는 것 같다. 하지만 유전자는 어디까지나 단백질의 설계도에 불과하다는 사실을 잊지 말아라(제2막)!

그러니까 유전자가 읽어내는 단백질은 뇌세포의 모양이나 배치방식을 결정할 수는 있어도, 뇌가 완성될 때 하나하나의 뇌세포가 서로 어떻게 결합하느냐의 문제까지 결정할 수는 없다.

어떤 뇌세포가 어떤 뇌세포와 결합할 것인가, 혹은 어떤 뇌세포가 결합에 실패해서 도태될 것인가 하는 문제는 정말 '우연'의 일치로 결정된다. 이렇게 유전자 만으로는 해결 불가능한 '우연'이라는 현상을 소중히 여기면서 뇌는 만들어진다. 그러기에 유전자 세트가 일치하는 일란성 쌍둥이라도 서로 다른 인격을 갖게 되는 것이다.

지금 일란성 쌍둥이의 유전자 세트가 일치한다고 했지만, T세포나 B세포와 관련해 말하자면 설사 일란성 쌍둥이여도 유전자 세트는 달라진다. 왜냐하면 T세포와 B세포는 유전자를 '포스트잇'처럼 떼었다 붙였다 하면서 새로운 유전자를 만들어내는데, 이렇게 포스트잇 장치가 '우연'에 기인하기 때문이다.

이와 같이 우연을 소중히 여기는 마음이 각각의 생명체를 이 세상에 딱 하나밖에 없는 소중한 존재로 여기는 맘으로 통한다고 하면 너무 거창하게 들릴까?

그 우연을 넓은 시야로 아우르는 '개화와 정리정돈'이라는 생명체의 낭비벽은 결국 뇌나 면역이 유전자의 영향을 훌쩍 뛰어넘어 이 세상에 딱 하나밖에 없는 개성을 연출하기 위해 꼭 필요한 시스템인 것이다.

놀라울 정도로 유사한 뇌와 흉선

10.5

scene

애써 만든 뇌세포나 T세포를 가차 없이 정리해고시킨다는 내용을 앞에서 보았는데, 뇌와 면역의 유사점은 그뿐만이 아니다. 뇌세포의 무대인 뇌와 T세포의 교육공간인 흉선은 별개의 장기 같지만 자세히 뜯어보면 깜짝 놀랄 정도로 흡사하다.

원래 뇌라는 무대에서 활동하는 주인공은 뇌세포이지만, 뇌세포는 별세포라는 글자 그대로 별 모양의 세포에게 지원을 받고 있다. 한편 흉선이라는 공간에서 자라나는 주인공은 T세포이지만, T세포는 흉선상피세포(별명 : 너스세포)라는 무시무시한 교관들에게 교육받고 있다. 그리고 뇌세포를 지원하는 별세포도, T세포를 교육하는 흉선상피세포도 '신경 제(堤) 세포'라는 같은 계통의 세포에서 탄생한다는 사실이 최근 밝혀졌다. 즉, 별세포와 흉선상피세포는 서로 형제와 같은 존재이다.

형제인 그들은 모양과 활동도 비슷해서 혈관을 확실하게 감싸서 불필요한 물질이 혈관에서 새어나오지 않도록 하거나, 무대의 구성원인 뇌세포나 T세포를 감싸며 자양의 인자(因子)나 죽음의 인자를 부여한다.

이와 같이 생명체는 뇌와 흉선이라는 전혀 별개인 것 같은 장기를 만드는 데에도, 한치의 에누리도 없이 같은 기법을 이용하고 있다.

가끔은 펑펑 낭비하면서, 가끔은 지독한 짠돌이가 되면서 ─ 그것이 바로 생명의 기법이다.

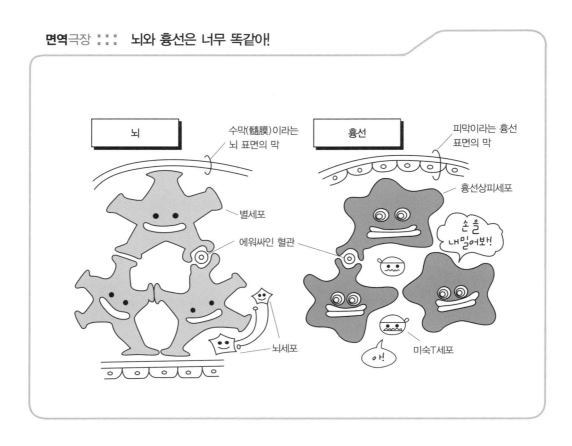

'옷깃 스치는 우연한 만남을 소중히 하고, 펑펑 낭비하는가 싶더니 어느새 지독한 짠돌이가 된다. 이렇게 우연과 여유를 통해 톡톡 튀는 개성을 연출한다!'

그런 생명의 기법을 통해 사기충천, 용기 빵빵해지는 것은 비단 나만이 아닐 것이다. 지금까지 소개한 내용을 가슴에 꽂히는 한 마디로 표현한 문장이 있어서 소개하려 한다.

'생명력에는 외적인 우연을 내적인 필연으로 승화시키는 능력이 갖추어져 있는 법이다!'

— 고바야시 히데오(小林秀雄),『모차르트』, 1946년)

참고문헌))))

『免疫の意味論』多田富雄, 靑士社, 1993年.

『生命の意味論』多田富雄, 新潮社, 1997年.

『生命─その始まりの樣式』多田富雄, 中村雄二郎編, 誠信書房, 1994年.

『細胞の分子生物學(第3版)』ワトソン, D. et. al., 中村桂子ほか監譯, 教育社, 1995年.

『トゥキュディデス 戰史』久保正彰譯, 世界の名著5, 中央公論社, 1980年.

『續・大いなる假說』大野乾, 羊士社, 1996年.

『病理の歷史と文化の制御』福田眞人, The Thinking, vol.17, No. 1, Yamatake-Honeywell, 1986年.

『免疫・「自己」と「非自己」の科學』(NHK人間大學) 多田富雄, 日本放送出版協會, 1998年
(NHKブックス, 2001年)

『「ゆらぎ」の不思議な物語 宇宙は考える』佐治春夫, PHP研究所, 1994年.

『卵が私になるまで─發生の物語─』柳澤桂子, 岩波書店, 1996年.

Immunobiology The immune system in health and disease 4th ed., Charles A. Janeway, Paul Travers, Mark Walport, J Donald Capra, Churchill Livingstone, 1999
(日本語版) JANEWAY・TRAVERS 免疫生物學─免疫系の正常と病理 原著第3版, 笹月健彦監譯, 南江堂, 1998年.

『マンガ分子生物學』萩原 清文 作・畵, 多田富雄・谷口維紹監修, 哲學書房, 1999年.

『マンガ免疫學』萩原 清文作・畵, 多田富雄・谷口維紹監修, 哲學書房, 1996年.

옮긴이 _ 황소연

대학에서 일본어를 전공하고 첫 직장이었던 출판사와의 인연 덕분에 지금까지 10여 년간 전문 번역가로 활동하면서 〈바른번역 아카데미〉에서 출판번역 강의도 맡고 있다. 어려운 책을 쉬운 글로 옮기는, 그래서 독자를 미소 짓게 하는 '미소 번역가'가 되기 위해 오늘도 일본어와 우리말 사이에서 행복한 씨름 중이다. 옮긴 책으로는 《내 몸 안의 작은 우주, 분자생물학》, 《내 몸 안의 지식여행, 인체생리학》, 《내 몸 안의 두뇌탐험, 정신의학》, 《내 몸 안의 생명원리, 인간생물학》, 《내 몸을 치유하는 힘, 면역습관》, 《유쾌한 공생을 꿈꾸다》, 《우울증인 사람이 더 강해질 수 있다》 등 80여 권이 있다.

내 몸 안의 주치의, 면역학

개정판 1쇄 발행 | 2019년 10월 8일
개정판 5쇄 발행 | 2024년 6월 25일

지은이 | 하기와라 기요후미
감 수 | 다다 도미오·조성훈
옮긴이 | 황소연
펴낸이 | 강효림

편 집 | 이신혜
디자인 | 채지연

종 이 | 한서지업㈜
인 쇄 | 한영문화사

펴낸곳 | 도서출판 전나무숲 檜林
출판등록 | 1994년 7월 15일·제10-1008호
주 소 | 10544 경기도 고양시 덕양구 으뜸로 130
　　　　위프라임트원타워 810호
전 화 | 02-322-7128
팩 스 | 02-325-0944
홈페이지 | www.firforest.co.kr
이메일 | forest@firforest.co.kr

ISBN | 979-11-88544-36-3 (44470)
ISBN | 979-11-88544-31-8 (세트)